Zu diesem Buch

Der durch seinen frisch-fröhlichen Bestseller «Eine Verwandte namens Rosy» und liebenswerte Tier- und Reisegeschichten bekannte Autor erzählt hier mit unwiderstehlichem Humor seine erstaunlichen Erlebnisse und fesselnden Abenteuer als Tierfänger in Afrika. So gerät er im westafrikanischen Busch in das Herrschaftsgebiet des bizarren schwarzen Regenten Fon von Bafut, der dem Alkohol freudig zuspricht. Der europäische Kleintierfänger gewinnt in dem Häuptling einen aufrichtigen Freund und Gönner, der ihm erfahrene Jäger mit Hunden zur Verfügung stellt. Stolz nennt sich diese auserkorene Gruppe «Die Spürhunde von Bafut». Mit ihrer Hilfe stöbert Durrell auch die scheuesten Tiere auf, von denen manche sogar den Eingeborenen unbekannt sind. Auf sonnenglühenden Felsen jagt er den Quefonggu, von seinen Helfern im Stich gelassen, die vor dieser harmlosen Eidechse panische Angst haben. Erst als er ihnen durch ein europäisches «Zaubermittel» – ganz gewöhnliches Boraxpulver – Sicherheit garantiert sind sie zur Mitwirkung an der Jagd zu bewegen. Stundenlang kauern Durrell und seine unermüdlichen Begleiter im Gebüsch bei den Netzen, sie erklettern riesige Urwaldbäume, räuchern Höhlen aus und waten durch eiskaltes Wasser, um Baumhörnchen, Klippschliefer und Haarfrösche zu fangen. Aber Gerald Durrell beschreibt nicht nur aufregende Jagden, sondern auch die auftauchenden Probleme der Tierpflege in seinem Zoo unterm Zeltdach und gibt ein anschauliches Bild von seinen eingeborenen Freunden, ihren exotischen Festen und Gebräuchen.

Gerald Durrell, 1925 in Indien geboren, studierte in Europa Naturwissenschaften. Im Alter von 22 Jahren entschloß er sich, Tierfänger zu werden. Verschiedene Expeditionen führten ihn auf der Suche nach seltenen Tieren nach Britisch-Kamerun und Britisch-Guayana. Als er 1950 an Malaria erkrankte und einige Zeit aussetzen mußte, begann er zu schreiben und für den Rundfunk zu arbeiten. Seine Frau Jacqueline hat eine vielversprechende Karriere als Opernsängerin aufgegeben, um ihrem Mann überallhin folgen zu können. Von einer Expedition nach Paraguay brachten die beiden zweitausend südamerikanische Tiere heim. Weitere Werke: «Großes Herz für kleine Tiere» («Three Singles to Adventure», 1954); «Meine Familie und anderes Getier» (My Family and other Animals», 1956); «Ein Koffer voller Tiere» («A Zoo in my Luggage», 1960); «Auf Kleintierfang in Kamerun», «Das flüsternde Land» («The Whispering Land», 1961), «Ein Noah von heute», «Der Zoo auf der Insel» («Menagerie Manor», 1965).

Gerald Durrell

Zoo unterm Zeltdach

Als Tierfänger in Kamerun

rororo

Rowohlt

Die Originalausgabe erschien bei Rupert Hart-Davis, London,
unter dem Titel «The Bafut Beagles»
Aus dem Englischen übertragen von HILDA ROSS
Titel der bei Ullstein erschienenen Buchausgabe
«Die Spürhunde des großen Fon»
Umschlagentwurf Horst Lemke

Veröffentlicht im Rowohlt Taschenbuch Verlag GmbH,
Reinbek bei Hamburg, Dezember 1970

Gesetzt aus der Linotype-Aldus-Buchschrift
und der Palatino (D. Stempel AG)
Gesamtherstellung Clausen & Bosse, Leck/Schleswig
Printed in Germany
ISBN 3 499 11366 X

Für Kenneth Smith

Achtung! Wir kommen!

Von den Bergen Kameruns bahnt sich der Cross-Fluß seinen Weg talwärts und ergießt sich schließlich breit und glitzernd in das große Waldbecken um Mamfe. In den Bergen ist er ein Spiel von Schaum, Wasserfällen und eifrigem Gemurmel, aber sobald er den Wald erreicht, beruhigt er sich und fließt gemächlich in seinem felsigen Bett dahin. Das sanft strömende Wasser häuft Streifen reinen weißen Sandes über seine Breite und spült den Schlamm von den Baumwurzeln, so daß diese aussehen, als ruhten sie am Rande des Wassers auf einer wirren, sich krümmenden Masse von Polypenarmen. Majestätisch bewegt er sich vorwärts, seine braunen Fluten sind von Flußpferden und Krokodilen bevölkert, und die warme Luft über ihm ist erfüllt von dahinschießenden blauen, orangefarbenen und weißen Schwalben.

Gerade oberhalb von Mamfe beschleunigt der Fluß ein wenig seinen Lauf, da er sich zwischen zwei hohen Felsklippen hindurchzwängen muß, Klippen, die von den vorbeigleitenden Wassern glattgewaschen wurden und einen zerlumpten Überwurf von Unterholz tragen, der von dem höherliegenden Wald herabhängt. Die Schlucht hinter sich lassend, wirbelt er in ein großes eiförmiges Becken hinaus. Ein wenig weiter unten ergießt sich ein anderer Fluß aus einer ähnlichen Schlucht in das gleiche Becken, und die Fluten treffen und mischen sich in Strähnen kleiner Strömungen, Wirbel und Wellen und fließen dann als ein einziger Wasserlauf weiter. Als Ergebnis dieser Vermählung bleibt ein großer, glitzernder Hügel weißen Sandes in der Mitte des Flußbettes zurück, Sand, in den die Fußabdrücke der Flußpferde wie Pockennarben eingeprägt sind und der mit Ketten von Vogelspuren gemustert ist. In der Nähe dieser Sandinsel weicht der Uferwald hinter die kleine Grasfläche zurück, die das Dorf Mamfe umgibt, und hier am Rande des Waldes, oberhalb des ruhig dahinfließenden braunen Flusses, wählten wir den Platz für unser Hauptlager, von dem aus wir auf Tierfang gehen wollten.

Wir brauchten zwei Tage, um den Lagerplatz abzuholzen und zu ebnen, und am dritten Tag standen Smith und ich am Rande der Grasfläche und beobachteten, wie dreißig schwitzende und schreiende Afrikaner an etwas zogen und zerrten, das auf der frisch umgestochenen roten Erde wie der große, braune, faltige Kadaver eines Walfisches aussah. Diese hin- und hergezerrte Masse von Leinwand wuchs allmählich in die Höhe und schwoll an wie ein faulender Bovist. Dann entfaltete sie sich plötzlich wie ein Segel und entpuppte sich als ein Zelt von beachtlichen Dimensionen. Als nun seine wahre Natur zu erkennen war, stieg aus den Kehlen der Dorfbewohner, die herumstanden, um den Lagerbau zu begaffen, ein Gebrüll auf – ein Gemisch von Verblüffung, Erstaunen und Entzücken.

Nachdem das Zelt für unsere Unterkunft fertig war, benötigten wir eine weitere Woche harter Arbeit, ehe wir mit dem Tierfang beginnen konnten. Wir mußten Käfige aufstellen und Teiche graben; verschiedene Häuptlinge nahe gelegener Dörfer mußten ausgefragt und über die Tiere unterrichtet werden, die wir haben wollten; auch galt es, Nahrungsmittelbestände anzulegen und ungezählte andere Dinge zu erledigen. Als endlich das Lagerleben reibungslos funktionierte, beschlossen wir, ernstlich ans Sammeln zu gehen. Wir hatten entschieden, daß Smith in Mamfe bleiben, das Hauptlager in Gang halten und zusehen sollte, was er an Tieren des Waldes mit Hilfe der örtlichen Eingeborenen sammeln konnte, während ich weiter landeinwärts in Richtung auf das Gebirge reisen wollte, wo der Wald den großen Grassteppen weicht. In den Bergen mit ihrer eigenartigen Vegetation und ihrem kühleren Klima gab es eine ganz andere Tierwelt als in der dampfenden Waldregion.

Da mir nicht klar war, in welchem Teil des Graslandes ich am besten arbeiten würde, ging ich zum Distrikt-Offizier und bat ihn um Rat. Ich erklärte ihm mein Problem, und er holte eine Gebirgskarte hervor, über der wir gemeinsam brüteten. Plötzlich wies er mit dem Zeigefinger auf eine Stelle und sah mich an.

«Was meinen Sie zu Bafut?» fragte er.

«Ist das ein empfehlenswertes Gebiet? Wie sind dort die Leute?»

«Es gibt nur eine Person, mit der Sie sich in Bafut gutstellen müssen, und das ist der Fon», sagte er. «Gewinnen Sie ihn für sich, und die Leute werden Ihnen helfen, wo sie können!»

«Ist er der Häuptling?»

«Er ist eine Art Nero in jener Gegend», sagt der D. O. und beschrieb mit seinem Finger einen großen Kreis auf der Karte. «Was er sagt, gilt. Er ist der köstlichste alte Schurke, und der schnellste und sicherste Weg zu seinem Herzen ist, ihm zu beweisen, daß Sie beim Schnapstrinken Ihren Mann stehen. Er besitzt eine große, wundervolle Villa, die er für etwaige Besucher aus Europa hat bauen lassen, und ich bin überzeugt, daß er Sie dort wohnen läßt, wenn Sie ihm schreiben. Bafut ist einen Besuch wert, selbst wenn Sie nicht dort bleiben.»

«Ich werde ihm einen Brief schreiben und sehen, was er antwortet.»

«Achten Sie darauf, daß Ihr Gesuch – hm – sagen wir, gut geschmiert ist», sagte der D. O.

«Ich werde zum Laden hinuntergehen und sofort das nötige Schmiermittel besorgen», versicherte ich ihm.

Und so ging noch am gleichen Nachmittag ein Bote in die Berge ab, mit meinem Brief und einer Flasche Gin. Vier Tage später kehrte er zurück und brachte ein Schreiben des Fon, ein meisterhaftes Dokument, das mich ungemein ermutigte.

Fons Büro Bafut, Bafut Bemenda Division
5. März 1949

Mein guter Freund!

Das Ihre vom 3. März 1949 kam mit allem gutgewählten Inhalt in meine Hände.

Ja, ich genehmige Ihre Ankunft in Bafut und Ihren zweimonatigen Aufenthalt wegen Ihrer Tiere, und überdies wird es mich außerordentlich freuen, Ihnen ein Haus auf meinem Grundstück zur Verfügung zu stellen, vorausgesetzt, daß der Mietzins zufriedenstellend ausfällt.

Ihr freundschaftlicher
Fon von Bafut

Ich traf umgehend meine Vorbereitungen zur Abreise nach Bafut.

ERSTES KAPITEL

Kröten und tanzende Affen

Die meisten westafrikanischen Lastwagen stehen nicht mehr in der ersten Jugendblüte, und ich hatte durch bittere Erfahrung gelernt, nicht allzuviel von ihnen zu erwarten. Aber der Lastwagen, der zu meiner Beförderung in die Berge eintraf, war ärger als alles, was ich je zuvor gesehen hatte: Er wankte altersschwach dem Grabe zu. Er stand auf verbogenen Rädern, schnaufte und keuchte vor Erschöpfung, nachdem er die sanfte Böschung zum Lager hatte hinaufklettern müssen, und ich vertraute ihm mich und meine Habe mit einigem Bangen an. Der Fahrer, ein fröhlicher Bursche, machte mir klar, daß er meine Hilfe bei zwei sehr wichtigen Tätigkeiten brauche: Erstens müsse ich die Handbremse beim Bergabfahren ständig niederdrücken, denn wenn man sie nicht fast waagrecht zum Boden halte, verweigere sie den Dienst. Zweitens müsse ich ein wachsames Auge auf die Kupplung haben, die ein eigensinniger Mechanismus sei und jede Gelegenheit wahrnehme, mit dem Geknurr eines gewürgten Leoparden herauszuspringen. Es war klar, daß nicht einmal ein westafrikanischer Lastwagenchauffeur fahren konnte, wenn er in der Stellung eines Embryo unter dem Armaturenbrett kauerte; so hatte ich denn diese Vorrichtungen zu beaufsichtigen, wenn mir mein Leben lieb war. Während ich in Abständen hinabtauchte, um die Handbremse anzuziehen, wobei mir der schwere Duft von verbranntem Gummi in die Nase stieg, ruckelte unser edler Lastwagen mit einer Geschwindigkeit von dreißig Stundenkilometern den Bergen zu, und nur manchmal, wenn es bergab ging, vergaß er alle Vorsicht und sauste wie ein Toller im Vierzig-Kilometer-Tempo hinab.

Während der ersten fünfundvierzig Kilometer wand sich die rote Lehmstraße durch die Wälder der Niederung. Die Riesenbäume standen in geschlossenen Reihen zu beiden Seiten, und ihre ineinandergeschlungenen Zweige wölbten sich über uns zu einem Bogengang aus Blättern. Schwärme von Nashornvögeln flatterten mit schwerem Flügelschlag über die Straße und tuteten wie die abgeschiedenen Geister alter Taxis. An den Ufern lagen, anmutig mit Sonnenflecken drapiert, die Wasseragamen, erröteten vor Aufregung wie der Abendhimmel und wackelten wütend mit den Köpfen. Langsam und fast unmerklich fing die Straße an, sich emporzuwinden, und schlängelte sich in sanften Kehren um die bewaldeten Hügel. Im hinteren Teil des Wagens erhoben die Boys ihre Stimmen zum Gesang:

«Es geht nach Haus, es geht nach Haus!
Wann seh ich meine Hütte wieder?
Wann seh ich meine Mammy wieder?
Mein Heim vergeß ich nie ...»

Der Fahrer summte den Refrain leise vor sich hin und schielte zu mir herüber, ob ich etwas dagegen habe. Zu seinem Erstaunen stimmte ich mit ein, und während der Lastwagen knatterte und einen wirbelnden Schwanz roten Staubes hinter sich herzog, sangen die Boys hinten den Chor, während wir vorne in komplizierten Wechselgesängen wetteiferten und der Fahrer eine Stakkato-Begleitung mit seiner Hupe spielte.

Die Lichtungen im Walde wurden häufiger, je höher wir kamen, und jetzt trat eine neue Art von Unterholz auf: Große Baumfarne standen in geschlossenen Gruppen am Straßenrand wie auf dicken, borstigen Säulen, aus denen die Blattwedel als zarte grüne Fontänen hervorschossen. Diese Farne waren die Wächter einer neuen Welt, denn plötzlich, als hätten die Hügel ihren Mantel abgeschüttelt, verschwand der Wald. Er lag hinter uns im Tal: ein dichter grüner Pelz, der in der hitzeflimmernden Ferne wogte, während vor uns die Hügel majestätisch aufstiegen, bedeckt mit einem Überzug sich wiegenden, hüfthohen Grases, das von der Sonne golden gebleicht war. Der Lastwagen kroch höher und höher, der Motor keuchte und bebte von der ungewohnten Anstrengung. Ich dachte gerade, daß es nötig sein werde, den elenden Kasten die letzten sechzig bis hundert Meter hinaufzuschieben, aber zu unserer Überraschung schaffte er es doch. Vor Ermattung zitternd und aus dem Kühler Dampf speiend wie ein sterbender Wal, schleppte er sich auf den Kamm des Hügels hinauf. Wir hielten an, und der Fahrer stellte den Motor ab.

«Wir warten klein Zeit, Motor sein heiß», erklärte er, auf den Vorderteil des Lastwagens deutend, der mittlerweile völlig hinter einer Dampfwolke verschwunden war. Ich kletterte dankerfüllt aus dem glühendheißen Führersitz und schlenderte zu der Stelle, wo die Straße ins nächste Tal abfiel. Von diesem erhöhten Punkt aus konnte ich das Land überblicken, durch das wir gefahren waren, und jenes, das wir nun betreten würden.

Hinter uns lag der ausgedehnte grüne Wald, der aus dieser Entfernung dicht und undurchdringlich wie ein Lammfell wirkte. Nur auf den Kämmen der Hügel waren sichtbare Zwischenräume in der glatten Oberfläche der Millionen Blätter, denn dort hoben sich die Silhouetten der Bäume wie zerfetzte Fransen gegen den Himmel ab. Vor uns lag eine so anders geartete Welt, daß kaum zu glauben war, die beiden könnten Seite an Seite existieren. Da gab es kein allmähliches Verschmelzen: Hinter uns lag der Wald riesiger, in ein Gewand glänzender Blätter gehüllter Bäume, die wie grüne, perlengeschmückte Könige erstrahlten; vor uns erstreckte sich bis zum dunstig-blauen Horizont eine Hügelkette nach der anderen, die wie große gefrorene Wogen ineinander übergingen. Sie neigten ihre Kämme vor der Sonne und waren vom Tal bis zur Höhe mit einem gekräuselten Pelz goldgrünen Grases bedeckt, das aufleuchtete oder verblaßte, je nachdem der Wind es zauste oder glättete. Hinter uns schmückte sich der Wald mit lebhaften Flecken von Grün und Scharlachrot. Es waren herbe und intensive Farben. Vor uns, in diesem eigenartigen bergigen Grasland, waren die Tönungen sanft und zart: graugelb, blaßgrün, rotbraun und golden. Die weich ineinandergefalteten Hügel, bedeckt mit diesem pastellfarbenen Gras, hätten einer südenglischen Landschaft angehören können; nur war hier der Maßstab viel größer. Diese Illusion wurde allerdings durch die Sonne zerstört, die siedendheiß und schonungslos auf völlig unenglische Art herabbrannte.

Von jetzt an glich die Straße einer Berg-und-Tal-Bahn; wir ratterten und quietschten in die Täler hinab und husteten und prusteten die steilen Hügel hinauf. Wir hatten auf einer Höhe angehalten, um den Motor auskühlen zu lassen, und ich bemerkte in dem Tal vor uns ein Dorf, das sich aus der Ferne wie ein unregelmäßiger Klecks schwarzer Pilze gegen das Grün abhob. Als der Motor abgestellt war, legte sich die Stille wie eine Decke über uns. Alles, was wir hören konnten, war das sanfte Rauschen des Grases im Wind, und aus dem Dorf, weit unter uns, das Bellen eines Hundes und das Krähen eines Hähnchens: unwesentliche und entfernte Geräusche, aber glockenklar. Durch meinen Feldstecher konnte ich beobachten, daß in dem Dorf etwas vorging: Scharen von Menschen bewegten sich zwischen den Hütten, und ich konnte das Funkeln von Buschmessern und Speeren und das gelegentliche Aufleuchten eines prächtigen Sarongs erkennen.

«Heh, was sein das Palaver in Dorf?» fragte ich den Chauffeur.

Er schaute hinunter, kniff die Augen zusammen und wandte sich mir dann mit einem entzückten Grinsen zu.

«Jetzt Markt, Sah», erklärte er, und dann voller Erwartung: «Massa will an dem Platz anhalten?»

«Du vielleicht denken, wir dort Fleisch zum Kauf finden?»

«Ja, Sah!»

«Sicher?»

«Sicher, Sah!»

«Du lügen, Buschmann», sagte ich mit gespieltem Ärger. «Du wollen im Dorf halten, damit du Maisbier finden. Sein so?»

«Eh, sein so, Sah», gestand der Fahrer lächelnd, «aber möglich Massa dort auch finden Fleisch.»

«Gut, wir eine kleine Zeit halten.»

«Ja, Sah», bestätigte eifrig der Fahrer und klapperte mit seinem Wagen den Hang zum Dorf hinab.

Die großen Hütten mit ihren kegelförmigen, strohgedeckten Dächern scharten sich um einen kleinen Platz, der von Gruppen junger Eukalyptusbäume beschattet wurde. Auf diesem Platz war der Markt. In den Schatten- und Sonnenflecken unter den schlanken Bäumen hatten die Händler ihre Waren auf dem Boden ausgebreitet, jeder auf seinem eigenen beschränkten Platz, und dazwischen drängten sich die Dörfler schwatzend, gestikulierend und streitend. Die zum Kauf angebotenen Dinge waren erstaunlich in ihrer Vielfalt und Uneinheitlichkeit. Da gab es Süßwasserwelse, die im Holzrauch getrocknet und auf kurze Stöcke gespießt worden waren. Diese Fische sehen auch lebendig schon unangenehm genug aus; vom Rauch getrocknet, geschrumpft und geschwärzt, wirkten sie aber geradezu wie teuflische kleine Fetische, die nach einem abstoßenden Tanz in merkwürdigen Verrenkungen erstarrt waren. Da gab es große Ballen Tuch; einige davon waren aus England importiert und grell bedruckt, wie es die Afrikaner lieben. Geschmackvoller waren die einheimischen dicken und weichen Webstoffe. Zwischen diesen farbfrohen Flecken stand und lag ein sonderbares Warensortiment: Eier, Hühner in Bambuskörben, grüne Pfefferschoten, Krautköpfe, Kartoffeln, Zuckerrohr, große, blutige Fleischstücke, riesige Rohrratten – sauber ausgenommen und aufgefädelt –, Binsenkörbe und Töpfereien, Stühle aus Iroko-Holz, Nadeln, Schießpulver, Maisbier, Eingeborenenschuhe, entzückende Beutel aus Raffiageflecht, Nägel, Feuersteine, Karbid und Cascara, Spaten und Leopardenfelle, Segeltuchschuhe, Filzhüte, Kalebassen voller Palmwein und alte Petroleumkanister voll Palm- und Erdnußöl.

Die Menschen auf dem Markt wirkten so verschiedenartig und seltsam wie die Waren, die sie zum Kauf anboten. Da waren Haussa-Männer in ihren leuchtendweißen Gewändern und kleinen weißen Kappen, und Häuptlinge der Gegend in vielfarbigen Trachten und reichbestickten Mützen mit Quasten; da waren heidnische Eingeborene aus entfernten Gebirgsdörfern, mit spitzgefeilten Zähnen und tätowierten Gesichtern, die nichts als einen Fetzen schmutzigen Leders um die Lenden trugen. Für sie war dies ein Großstadtgewimmel, und der Markt wahrscheinlich der Höhepunkt der Vergnügungen des Jahres. Sie disputierten leidenschaftlich, gestikulierten mit den Armen, stießen einander, und ihre dunklen Augen leuchteten vor Entzücken beim Anblick von Kokos-Jams und Rohrratten; andere standen in kleinen Gruppen beisammen und blickten mit hoffnungslosem Verlangen auf die wackligen Stapel vielfarbiger Stoffballen, und sie quetschten sich durch das Gedränge, um die beste Sicht auf die unerreichbaren Luxusgegenstände zu ergattern.

Mein Stab und der Chauffeur verschwanden in dieser aufgeregten und wirbelnden Menge wie Ameisen in einer Sirupdose, und ich war mir selbst überlassen. Nach einiger Zeit entschloß ich mich zu dem Versuch, einige dieser heidnischen Stammesangehörigen zu fotografieren. Ich pflanzte meine Kamera auf und fing an, sie einzustellen. Sofort brach die Hölle los. Die Eingeborenen ließen ihr Hab und Gut wie auf Verabredung im Stich und flohen wild schreiend in Deckung. Ziemlich erstaunt, denn der Durchschnittsafrikaner läßt sich im allgemeinen nur zu gern aufnehmen, wandte ich mich an den nächststehenden Haussa und fragte ihn, was los sei. Die Erklärung war interessant: Offenbar kannten diese Heiden eine Kamera und wußten, daß sie Bilder von den Leuten mache, auf die sie gerichtet wurde. Aber sie waren fest überzeugt, daß der Fotograf mit jedem Bild zugleich auch einen kleinen Teil der Seele seines Objektes einfing, und wenn er viele Aufnahmen machte, würde er über die fotografierte Person völlige Herrschaft gewinnen. Das ist ein gutes Beispiel dafür, wie die Zauberei der modernen Zeit angepaßt wird. Früher gewann man Macht über sein Opfer, wenn man sich ein wenig Haar oder Zehennägel von ihm verschaffen konnte, heutzutage scheinen Aufnahmen dieselben Dienste zu leisten. Es gelang mir dennoch, einige Fotos zu machen, indem ich mich einfach auf die Seite stellte, in die andere Richtung blickte und unter meinem Arm hervorknipste.

Sehr bald entdeckte ich etwas, das alle meine Gedanken an Fotografieren und Zauberkraft verdrängte. In einem der dunklen kleinen Stände stach mir jäh das Aufleuchten eines rötlichen Felles ins Auge, und als ich näher trat, um zu untersuchen, was es sei, entdeckte ich das entzükkendste Affenweibchen an einer langen Leine, das, im Staub hockend, laut und durchdringend prustete. Es hatte ein helles, ingwerfarbenes Fell, eine weiße Brust und ein trauriges schwarzes Gesicht. Die merkwürdigen Laute, die es von sich gab, waren eine Kreuzung von Vogelgezwitscher und dem freundlichen Begrüßungsschnurren einer Katze. Die Äffin beobachtete mich einige Sekunden aufmerksam, dann stand sie plötzlich auf und fing zu tanzen an. Zuerst erhob sie sich auf die Hinterbeine und sprang kraftvoll auf und nieder, indem sie die Arme weit ausbreitete, als wolle sie mich an ihre Brust drücken. Dann ließ sie sich auf alle viere nieder und fing an, wie ein Ball zu hüpfen. Sie sprang mit allen vier Pfoten auf einmal in die Luft, und ihre Sprünge wurden höher und höher, je mehr sie in Erregung geriet. Dann hörte sie auf und gönnte sich eine kurze Pause, ehe sie zum nächsten Teil ihres Tanzes überging, der darin bestand, daß sie, auf allen vieren stehend, ihr Hinterteil ganz ruhig hielt, während sie ihr Vorderteil wie ein Pendel von einer Seite zur anderen schwenkte. Indem sie so die Grundidee dieser Vorführung dargestellt hatte, zeigte sie mir, was ein wahrhaft erfahrener Tanz-Affe bieten könne, und drehte sich, hüpfte und sprang, bis mir ganz schwindlig wurde. Sie hatte mich schon vom ersten Augenblick an bezaubert, aber dieser wilde Derwischtanz war unwiderstehlich, und ich fühlte, daß ich sie unbedingt kaufen mußte. Ich bezahlte ihrem Besitzer das Doppelte ihres Wertes und trug sie im Triumph davon. Ich kaufte ihr an einer Bude ein Büschel Bananen, und sie war von meiner Großzügigkeit so überwältigt, daß sie mir zum Dank mein Hemd von oben bis unten naßmachte. Ich trieb meinen Stab samt dem Fahrer zusammen. Sie rochen alle nach Maisbier; wir kletterten auf den Lastwagen und setzen unsere Fahrt fort. Die Äffin saß auf meinem Schoß, stopfte sich den Mund voll Bananen und stieß kleine Schreie der Aufregung und des Entzückens aus, während sie die Landschaft durch das Fenster betrachtete. Wegen ihrer Fähigkeit nannte ich sie Pawlowa, und fortan blieb sie Pawlowa, die Patas-Äffin.

Wir fuhren noch etliche Stunden weiter, und als wir uns unserem Ziel näherten, tauchten die Täler in tiefe, purpurne Schatten, und die Sonne versank gemächlich in einem Flaum von tausend scharlachroten und grünen Wolken hinter den höchsten westlichen Hügelketten.

Wir erkannten, daß wir Bafut erreicht hatten, weil die Straße zu Ende war. Zu unserer Linken lag ein riesiger Hof, der von einer hohen roten Ziegelmauer umgeben war. Dahinter stand eine große Anzahl runder Hütten mit Strohdächern, die sich um eine kleine saubere Villa drängten. Aber alle diese Bauten erschienen winzig neben einem Gebäude, das sie beherrschte und wie ein altmodischer, tausendmal vergrößerter Bienenkorb aussah. Es war eine riesige runde Hütte mit einem massiven gewölbten Strohdach, geheimnisvoll und dunkel vor Alter. Auf der anderen Straßenseite stieg der Grund steil an, und eine breite Treppe von einigen siebzig Stufen wand sich zu einer anderen großen Villa empor. Sie hatte die Form einer Schuhschachtel; um ihr oberes und unteres Stockwerk liefen breite Veranden, von deren Pfeilen Bougainvilleen und andere Schlingpflanzen üppig herabhingen. Es war mir klar, daß dies für die nächsten Monate mein Heim sein werde.

Als ich mit steifen Beinen aus dem Lastwagen kletterte, öffnete sich an der entlegensten Stelle der langen Hofmauer ein gewölbtes Tor, und eine kleine Prozession schritt auf mich zu. Es war eine Gruppe meist älterer Männer, in fließende, vielfarbige Gewänder gehüllt, die sie im Schreiten umwallten. Auf den Köpfen trugen sie Käppchen, die mit der buntesten Wolle bestickt waren. In ihrer Mitte ging ein großer schlanker Mann mit einem lebhaften, humorvollen Gesicht. Er trug ein schlichtes weißes Gewand, und sein Käppchen war ohne jede Verzierung. Trotz dieses Mangels an Farben erkannte ich in ihm sofort die einzige Person von Bedeutung in dieser kleinen Schar, so königlich war sein Auftreten. Es war der Fon von Bafut, Herrscher über das riesige Grasland-Königreich, durch das wir gefahren waren, und über eine ungeheure Bevölkerung schwarzer Untertanen. Er war unermeßlich reich und regierte sein Land mit geschickter, wenn auch leicht despotischer Hand. Er blieb vor mir stehen, lächelte freundlich und reichte mir seine große, schlanke Hand.

«Willkommen», sagte er.

Ich bekam erst später heraus, daß er Pidgin-Englisch so gut beherrschte wie irgendeiner seiner Untertanen, aber er vermied es, sein Wissen zu zeigen, und so unterhielten wir uns mit Hilfe eines Dolmetschers, der ehrfurchtsvoll gebückt danebenstand und meine Begrüßungsrede übersetzte, indes er die Hände gewölbt vor den Mund hielt. Der Fon hörte höflich zu, während meine Rede übertragen wurde, dann deutete er mit seiner großen Hand auf die Villa drüben auf der Anhöhe.

«Foin!» sagte er grinsend.

Wir schüttelten einander wiederum die Hände, dann schritt er mit seinen Ratgebern über den Hof zurück und verschwand durch den Torbogen, während es mir freistand, mich in dem «foinen» Haus einzurichten.

Ungefähr zwei Stunden später, nachdem ich gebadet und gegessen hatte, erschien ein Bote und benachrichtigte mich, daß der Fon mich auf eine Plauderstunde zu besuchen wünsche, falls ich mich nach meiner Reise genügend «beruhigt» hätte. Ich antwortete, daß ich ganz beruhigt sei und entzückt wärc, den Besuch des Fon zu empfangen. Dann holte ich meinen Whisky hervor und erwartete seine Ankunft. Bald darauf erschien er mit kleinem Gefolge, und wir saßen beim Lampenschein auf der Veranda und unterhielten uns. Ich trank Whisky mit Wasser auf sein Wohl und er puren Whisky auf das meine. Zuerst sprachen wir mit Hilfe eines Dolmetschers, aber nachdem der Whisky-Spiegel in der Flasche stark gefallen war, fing der Fon an, Pidgin-Englisch zu reden. Zwei Stunden lang war ich vollauf damit beschäftigt, ihm den Zweck meines Besuchs in seinem Lande zu erklären: Ich legte ihm Bücher und Fotos der Tiere vor, die ich haben wollte, zeichnete sie ihm auf Zetteln auf, und wenn sonst nichts half, machte ich ihre Stimmen nach. Die ganze Zeit über wurde das Glas des Fon mit erschreckender Regelmäßigkeit nachgefüllt.

Er meinte, ich würde wohl die meisten Tiere bekommen können, die ich ihm gezeigt hatte, und versprach, mir am nächsten Tag einige gute Jäger zu schicken, die für mich arbeiten sollten. Aber, fuhr er fort, am ratsamsten wäre es, wenn er an sein Volk die Weisung ergehen ließe, daß sie versuchen sollten, für mich Tiere zu fagen. Die beste Gelegenheit dazu, erklärte er, würde sich in zehn Tagen bieten. Dann fände eine bestimmte Zeremonie statt. Anscheinend sammelten seine Untertanen an diesem Tage große Mengen trockenen Grases auf den Hügeln und in den Tälern und brachten sie nach Bafut, damit der Fon das Dach des großen Juju-Hauses und der Häuser seiner ungezählten Frauen neu dekken könne. Wenn das Gras eingebracht war, gab es ein Fest, zu dem er Lebensmittel und Getränke stiftete. An dieser Zeremonie würden Hunderte von Leuten aus der ganzen Umgebung teilnehmen, und der Fon meinte, daß dies eine ideale Gelegenheit für ihn sein werde, eine Rede zu halten und den Leuten zu erklären, was ich wünschte. Ich stimmte begeistert zu, dankte ihm überschwenglich und füllte von neuem sein leeres Glas. Der Spiegel in der Flasche sank tiefer und tiefer, bis auch der beharrlichste Tropfen unwiederbringlich verschwunden war. Der Fon erhob sich voll Majestät, unterdrückte einen Rülpser und streckte mir die Hand hin.

«Ich gehen!» verkündete er, indem er vage in die Richtung seiner kleinen Villa deutete.

«Ich bin sehr traurig», sagte ich höflich. «Sie möchten, ich gehen auf Straße mit Ihnen?»

«Ja, mein Freund», strahlte er, «sehr foin!»

Ich rief nach einem Mitglied des Stabes, das im Galopp mit einer Sturmlaterne angerannt kam. Der Mann ging voraus, und wir schritten die Veranda hinunter zur Treppe. Der Fon hielt noch meine Hand in der Linken, während er mit der Rechten auf die Veranda, die Bäume und den mondbeschienenen Garten einige Meter unter uns deutete und in selbstgefälligem Ton «foin, foin» vor sich hinmurmelte. Als wir den Anfang der langen Stufenreihe erreicht hatten, blieb er stehen, starrte mich einen Augenblick gedankenverloren an und zeigte mit seinen langen Armen abwärts:

«Funfuschiebzig», strahlte er.

«Sehr schön», nickte ich zustimmend.

«Wir sie werden zählen», sagte der Fon, hingerissen von der Idee. «Funfuschiebzig, wir sie zählen.»

Er schlang einen langen Arm um meine Schulter, stützte sich schwer auf mich, und wir stiegen zur Straße hinunter, indem wir laut zählten. Da er sich nicht auf die englischen Zahlen über sechs besinnen konnte, gerieten wir auf halbem Weg einigermaßen in Verwirrung, und als wir unten anlangten, stellten wir fest, daß, nach der Berechnung des Fon, drei Stufen abhanden gekommen waren.

«Zweiuschiebzig?» fragte er sich selbst. «Nein, funfuschiebzig! Wohin sie sein kommen?»

Mit wütenden Blicken musterte er sein unterwürfiges Gefolge, das auf der Straße wartete, als hege er den Verdacht, daß sie die fehlenden Stufen unter ihren Gewändern verborgen hielten. Ich schlug schleunigst vor, daß wir sie noch einmal zählen sollten. Wir kletterten wieder zur Veranda empor, während wir wie wild zählten. Und dann, um unserer Sache ganz sicher zu sein, zählten wir sie noch einmal den ganzen Weg hinab. Der Fon zählte unentwegt bis sechs und dann wieder von vorn, und mir wurde klar, daß wir die ganze Nacht damit zubringen würden, die fehlenden Stufen zu suchen, wenn nicht etwas geschähe. Darum rief ich, als wir oben ankamen und als wir dann wieder unten waren, jedesmal laut und triumphierend: «Fünfundsiebzig!» und strahlte meinen Begleiter an. Zuerst wollte er meiner Berechnung nicht recht trauen, denn er war nur bis fünf gekommen, und die fehlenden siebzig erforderten irgendeine Erklärung. Ich versicherte ihm aber, daß ich in meiner

Jugend ungezählte Preise für Kopfrechnen erhalten habe und daß mein Resultat unanfechtbar sei.

Er drückte mich an seine Brust, preßte meine Hand, murmelte: «Foin, foin, mein Freund», und lenkte dann seine Schritte über den großen Hof zu seiner Residenz, während es mir verstattet war, mich die fünfundsiebzig Stufen hinauf in mein Bett zu schleppen.

Am nächsten Tag beschäftigte ich mich damit, Käfige für die hoffentlich bald anrollende Flut von Tieren herzustellen; zwischendurch allerdings war ich genötigt, mein Kopfweh – die Folge der langen Sitzung mit dem Fon – zu bekämpfen. Um die Mittagsstunde erschienen vier eindrucksvoll aussehende junge Leute in ihren besten und farbenprächtigsten Sarongs, mit Steinschloßbüchsen ausgerüstet. Die furchterregenden Waffen waren unvorstellbar altertümlich, und ihre Läufe vom Rost so durchlöchert und zerfressen, als ob jede Büchse die Pocken überstanden hätte. Ich überredete sie, ihre gefährlich aussehenden Waffen vor dem Tor abzustellen, ehe sie eintraten und mit mir sprachen. Es waren die Jäger, die der Fon geschickt hatte; eine halbe Stunde lang unterhielt ich mich mit ihnen, zeigte ihnen Bilder von Tieren und erklärte, wieviel ich für die verschiedenen Exemplare zahlen würde. Dann schickte ich sie fort mit der Weisung, den Nachmittag über zu jagen und am Abend mit der Beute zurückzukehren. Wenn sie nichts fingen, sollten sie erst am nächsten Morgen wiederkommen. Dann teilte ich Zigaretten aus, und sie wanderten die Straße hinab, sprachen wichtig aufeinander ein und zielten voll Eifer mit ihren Büchsen in alle Richtungen.

Am selben Abend erschien einer der jungen Leute wieder mit einem kleinen Korb. Er hockte sich nieder, schaute mich bekümmert an und erklärte, daß er und seine Kameraden nicht viel Glück auf der Jagd gehabt hätten. Sie seien ziemlich weit gegangen, sagte er, aber auf keines der Tiere gestoßen, die ich ihnen gezeigt habe. Indessen hätten sie etwas gefangen. Er beugte sich vor und stellte den Korb vor mir nieder.

«Ich nicht wissen, ob Massa das Sorte Tier wollen», sagte er.

Ich hob den Deckel des Korbes hoch und schaute hinein. Ich dachte, es wäre vielleicht ein Baumhörnchen darin oder eine Ratte, aber da hockte ein Paar großer und schöner Kröten.

«Massa lieben das Sorte Tier?» fragte der Jäger und beobachtete mich ängstlich.

«Ja, ich es sehr-sehr lieben», sagte ich und grinste.

Ich zahlte ihm den entsprechenden Preis, gab ihm ein paar Zigaretten dazu, und er ging mit dem Versprechen fort, am nächsten Morgen mit seinen Kameraden wieder zu erscheinen. Als er gegangen war, konnte ich meine Aufmerksamkeit erneut den Kröten zuwenden. Jede hatte ungefähr den Umfang einer Untertasse, große, feuchte Augen und kurze, dicke Beine, die Mühe zu haben schienen, den schweren Körper zu tragen. Die Färbung der Tiere war erstaunlich: auf dem Rücken von einem satten Creme, mit winzigen schwarzen, wurmförmigen Verzierungen gesprenkelt, Kopf und Körper an den Seiten von einem tiefen Rot, das zwischen Mahagoni und Weinrot die Mitte hielt. Auf dem Bauch ging es in ein lebhaftes Butterblumengelb über.

Ich habe stets eine Vorliebe für Kröten gehabt, denn ich finde, daß sie ruhige und manierliche Geschöpfe mit einem eigentümlichen Charme sind. Sie haben nicht das leicht erregbare und törichte Wesen der Frösche noch deren gefräßiges und feuchtes Aussehen. Aber ehe ich diesen beiden begegnet bin, hatte ich immer gedacht, daß alle Kröten mehr oder weniger gleich seien und daß man eigentlich alle kenne, wenn man eine kenne – wenigstens was ihre Charaktereigenschaften betrifft, wenn sie sich auch in Farbe und Gestalt unterscheiden mögen. Aber mir wurde klar, daß diese zwei Amphibien auffallende Persönlichkeiten waren. Sie hätten beinahe Säugetiere sein können.

Diese Tiere werden Laubbrauenkröten genannt, da ihre eigenartige cremegelbe Rückenzeichnung in Gestalt und Farbe wie ein totes und vertrocknetes Blatt wirkt. Wenn die Kröte auf dem Waldboden hockt, paßt sie sich völlig dem Hintergrund an. Daher also diese Bezeichnung. Ihr naturwissenschaftlicher Name jedoch ist «Augenbrauen-Kröte», und auf lateinisch klingt er noch treffender: *Bufo superciliarus*, da sie auf den ersten Blick überwältigend arrogant aussieht. Über ihren großen Augen ist die Haut zu zwei kleinen spitzen Bögen gerafft, so daß es den Anschein hat, als blicke sie mit spöttisch hochgezogenen Brauen auf die Welt herab. Der Eindruck hochadeliger Überheblichkeit wird noch durch das ungeheuer große Maul verstärkt, dessen sanft herabgezogene Winkel der Kröte einen etwas höhnischen Ausdruck verleihen, wie ich ihn nur noch bei einem Tier, dem Kamel, kenne. Dazu kommt der gewichtige, großspurige Gang und die Tatsache, daß sich das Tier alle zwei bis drei Schritte niederhockt, um sein Gegenüber voll mitleidiger Verachtung zu mustern. Ja – hier scheint wirklich der Gipfelpunkt der Hochnäsigkeit erreicht zu sein.

Meine zwei Laubbrauenkröten hockten nebeneinander auf dem mit frischem Gras ausgelegten Boden des Korbes und sahen mit der Miene vernichtender Geringschätzung zu mir empor. Ich kippte den Korb um, und sie watschelten beleidigt und würdevoll, wie zwei Bürgermeister, die man versehentlich in einer Bedürfnisanstalt eingesperrt hat, aus dem Korb und auf den Fußboden hinaus. Sie spazierten ungefähr einen Meter weit über den Boden; dann hockten sie sich, völlig erschöpft von dieser Anstrengung, sanft schnaufend nieder. Hierauf beobachteten sie mich ungefähr zehn Minuten lang mit äußerster Anspannung und, wie es schien, mit zunehmendem Ekel. Schließlich wanderte die eine davon und setzte sich neben ein Tischbein, offenbar in der falschen Annahme, es sei ein Baumstamm. Die andere starrte mich weiter an und drückte nach reiflicher Überlegung ihr Werturteil über mich dadurch aus, daß sie sich übergab und die Leichen eines halbverdauten Grashüpfers und zweier Motten ausspie. Sie warf mir einen schmerzerfüllten und vorwurfsvollen Blick zu und begab sich zu ihrem Freund unter den Tisch.

Nach einigen Stunden der Bekanntschaft mit meinen behäbigen Zimmergenossen sah ich ein, daß ich sie falsch beurteilt hatte. Sie waren nämlich gar nicht so arrogant und eingebildet, wie sie taten. In Wirklichkeit erwiesen sie sich als schüchterne Wesen ohne jedes Selbstbewußtsein, die leicht in Verlegenheit gerieten. Ich vermute, daß sie an tiefen und unausrottbaren Minderwertigkeitskomplexen litten. Ihre unausstehliche Anmaßung war offenbar eine Pose, um vor der Welt die traurige Wahrheit zu verbergen, daß ihnen jedes Vertrauen in ihr wohlbeleibtes Ich fehlte. Dies entdeckte ich rein zufällig am Abend ihrer Ankunft. Ich machte mir Notizen über ihre Färbung, während die Kröten mir zu Füßen hockten und aussahen, als verfaßten sie gerade die sie betreffende Eintragung in Burkes Adelsalmanach. Ich bückte mich und hob eine von ihnen zwischen Daumen und Zeigefinger hoch, um ihr Hinterteil besser untersuchen zu können. Dabei hielt ich sie unter den Achseln, so daß sie höchst würdelos in der Luft baumelte. Empört über diese Behandlung, stieß sie einen lauten Rülpser aus und strampelte mit den dicken Beinen, aber ich war stärker als sie, und sie mußte zappeln, bis ich meine Untersuchung ihrer hinteren Extremitäten beendet hatte. Als ich sie dann wieder neben ihren Gefährten setzte, war sie völlig verwandelt. Vorbei war's mit ihren aristokratischen Allüren. Ein heruntergekommenes und bescheidenes Amphibium hockte sich nieder und zwinkerte nervös mit den großen Augen, während sich ein trauriger und schüchterner Ausdruck über sein Gesicht breitete. Die arme Kröte sah fast aus, als wolle sie in Tränen ausbrechen. Diese Verwandlung ging so plötzlich und vollständig vor sich, daß ich mich nicht genug wundern konnte, und ich fühlte mich merkwürdig schuldbewußt als die Ursache ihrer Schmach. Um der Gerechtigkeit willen hob ich die andere hoch und ließ sie etwas baumeln, und auch sie verlor ihr Selbstbewußtsein und wurde schüchtern und verlegen, als ich sie auf den Boden zurücksetzte. Es war zu komisch, wie sie da so niedergeschlagen und todtraurig hockten, und mein taktloses Gelächter schien mehr, als ihre empfindsamen Gemüter vertragen konnten. Sie watschelten schleunigst fort und verkrochen sich für die nächste halbe Stunde unter den Tisch. Da ich aber nun hinter ihr Geheimnis gekommen war, konnte ich ihnen nach Belieben die Luft auslassen, wenn sie zu aufgeblasen taten: Ich brauchte ihnen nur einen leichten Nasenstüber zu versetzen, und sie duckten sich gedemütigt. Sie sahen dann aus, als seien sie im Begriff zu erröten, und blickten mich beschwörend an.

Ich baute einen hübschen großen Käfig für meine Laubbrauenkröten, und sie richteten sich ganz zufrieden darin ein. Indessen gestattete ich ihnen, um ihrer Gesundheit willen, einen täglichen Spaziergang im Garten. Als sich aber die Sammlung vergrößerte, hatte ich bald zuviel Arbeit, um geduldig dabeizustehen, während meine blaublütigen Aristokraten Luft schnappten, und ich mußte – sehr zu ihrem Mißfallen – ihre Spaziergänge abkürzen. Eines Tages entdeckte ich jedoch einen Wärter für sie, dessen Obhut ich sie beruhigt anvertrauen konnte, während ich meiner Arbeit nachging. Dieser Wärter war kein anderer als Pawlowa, die Patas-Äffin.

Pawlowa war äußerst zahm und sanft und an allem interessiert, was um sie herum vorging. Als ich die Kröten zum erstenmal in ihrer Nähe ausließ, war sie ganz hingerissen von ihnen, stellte sich auf die Hinterbeine und renkte sich den Hals aus, um besser sehen zu können, wie sie gemächlich auf dem Grundstück spazierenwatschelten. Als ich nach zehn Minuten wiederkehrte, um nach den Kröten zu sehen, stellte ich fest, daß beide zu der Stelle gewandert waren, wo Pawlowa angebunden war. Sie hockte zwischen ihnen, streichelte sie zart mit ihren Händen und schnurrte laut vor Erstaunen und Vergnügen. Die Gesichter der Kröten strahlten in alberner Selbstgefälligkeit, sie saßen mucksmäuschenstill, ganz offensichtlich durch die Liebkosungen der Äffin geschmeichelt und besänftigt.

Von nun an brachte ich die Kröten täglich zu Pawlowa, und sie beaufsichtigte die beiden bei ihren Wanderungen. Sie stieß bei ihrem Anblick gelegentlich Rufe des Erstaunens aus oder streichelte sie leise, bis sie halb hypnotisiert dalagen. Wenn sie einmal zu weit forthüpften und Gefahr bestand, daß sie im dichten Unterholz am Rand des Grundstückes verschwinden könnten, geriet Pawlowa in große Aufregung und rief mich mit gellenden Schreien herbei, um mir mitzuteilen, daß ihre Schutzbefohlenen im Begriff seien zu entfliehen, worauf ich hinunterraste, um sie ihr wiederzubringen. Eines Tages hatte sie mich offenbar gerufen, als die Kröten zu weit fortgegangen waren, aber ich hatte sie nicht gehört; und als ich etwas später hinunterging, führte Pawlowa unter wütendem Geschrei hysterische Tänze am Ende ihrer Leine auf, und die Laubbrauenkröten waren nirgends zu sehen. Ich band die Äffin los; sie führte mich geradewegs zu den dichten Büschen am Rande des Grundstückes, fand die Ausreißer in kürzester Zeit und fiel mit lautem Freudenschnurren über sie her.

Pawlowa gewann diese fetten Kröten wirklich lieb, und es war rührend, wie herzlich sie die beiden an jedem Morgen begrüßte. Etwas jedoch war ihr unverständlich: daß die Kröten kein Fell hatten wie andere Affen. Sie berührte ihre glatte Haut und versuchte mit bekümmertem Gesicht, den nicht vorhandenen Pelz mit den Fingern zu teilen, und ab und zu beugte sie sich herab und leckte höchst nachdenklich die nackten Rücken. Schließlich überwand sie ihren Kummer über diese Kahlheit, und behandelte ihre Schutzbefohlenen mit der gleichen Güte und Zärtlichkeit, die sie für ihre eigenen Sprößlinge gehegt hätte. Ebenso schienen die Kröten Pawlowa auf ihre Art ins Herz geschlossen zu haben, obgleich das Affenweibchen manchmal ihre Würde verletzte – was sie sehr übelnahmen. Ich erinnere mich, daß sie eines Morgens nach einem Bad, das sie höchlichst genossen hatten, über das Grundstück watschelten. Kleine Stücke Holz und Erde klebten an ihren nassen Bäuchen. Dies störte Pawlowa sehr, denn es war ihr Ehrgeiz, daß ihre Schützlinge reinlich und adrett aussähen. Ich fand sie in der Sonne sitzend: Ihre Füße ruhten auf der einen Laubbrauenkröte, als sei sie ein Fußschemel, indes die andere in der unrühmlichsten Weise von der Hand der Äffin herabbaumelte. Während sie das Tier langsam in der Luft herumdrehte, zupfte sie ihm gewissenhaft alle Schmutzteilchen vom Bäuchlein ab und redete dabei die ganze Zeit quietschend und trillernd auf die Kröte ein. Als sie mit ihr fertig war, setzte sie sie zu Boden, wo die Ärmste höchst niedergeschlagen hocken blieb, während ihre Gefährtin hochgehoben wurde, um die gleiche demütigende Prozedur zu erleiden. Die bedauernswerten Laubbrauenkröten hatten nicht die leiseste Chance, sich überlegen und großspurig zu gebärden, solange Pawlowa in der Nähe weilte.

ZWEITES KAPITEL

Die Bafut-Spürhunde

Um auf die verschiedenen Spezies der Bafut-Tierwelt Jagd zu machen, setzte ich außer den vier Jägern, die mir der Fon geschickt hatte, eine Meute von sechs dürren und tolpatschigen Kötern ein, von denen mir ihre Besitzer versicherten, es seien die besten Jagdhunde Westafrikas. Diesen zusammengewürfelten Trupp von Männern und Hunden nannte ich die Bafut-Spürhunde. Obgleich die Jäger die Bedeutung dieses Beinamens nicht verstanden, erfüllte er sie mit ungeheurem Stolz, und einmal hörte ich einen Jäger, der mit einem Nachbarn stritt, in schrillen und empörten Tönen rufen: «Du mich nicht anbrüllen so, mein Freund! Du wohl nicht wissen, ich sein Bafut-Spürhund?»

Wir wandten folgende Jagdmethode an: Wir wanderten zu einem fernen Hügel oder Tal und suchten uns dort einen mit Gras und Gebüsch dicht bewachsenen Flecken. An einer geeigneten Stelle breiteten wir im Halbkreis Netze aus, dann pirschten wir mit den Hunden durch das Unterholz und trieben in die Netze, was immer wir an Tieren aufspürten. Jeder Hund hatte eine kleine Holzglocke am Hals hängen, damit uns, wenn das Rudel in dem hohen Gras verschwand, das laute Bimmeln dieser Anhängsel die Richtung verriet, in der es gelaufen war. Der Vorteil dieser Jagdmethode bestand darin, daß ich vom Fleck weg und vom Augenblick der Gefangennahme an, die Tiere richtig behandeln, sie schnellstens nach Bafut befördern und mit einem Minimum an Zeitverlust in anständigen Käfigen unterbringen konnte. Wir transportierten unsere Beute in Säcken, die besondere, mit Messingringen umrandete Luftlöcher hatten. Für die größeren und kräftigeren Tiere waren die Säcke aus Leinen oder Jute, und für die zarteren aus weichem Tuch verfertigt. Gelang es, die Gefangenen erst einmal in die Dunkelheit des Sackes zu befördern, dann hörten sie auf, sich zu wehren, und verhielten sich ganz ruhig, bis wir sie nach Hause brachten. Vom Standpunkt der Tiere aus war das beängstigendste an dem ganzen Vorgang das Herauslösen aus dem Netz, aber nach einiger Praxis brachten wir es darin zu großer Fertigkeit und waren imstande, ein Tier im Laufe von zwei Minuten zu fangen, aus dem Netz zu befreien und in den Sack zu stecken.

Am ersten Tag, als ich mit den Bafut-Spürhunden loszog, traten die Jäger so schwer bewaffnet an, daß man meinen konnte, wir zögen auf Löwenjagd. Abgesehen von den üblichen Buschmessern, trugen sie Speere und Feuersteinflinten. Da es mir nicht wünschenswert erschien, eine Ladung rostiger Nägel und Kieselsteine in das Hinterteil zu bekommen, bestand ich trotz ihrer Wehklagen darauf, daß die Flinten zurückgelassen wurden.

Die Jäger waren über meine Entscheidung entsetzt.

«Massa», klagte einer von ihnen, «wenn wir treffen schlechtes Fleisch, wie wir können töten, wenn Flinte hierlassen?»

«Wenn wir treffen schlechtes Fleisch, wir es fangen, nicht töten», erklärte ich mit Nachdruck.

«Eh, Massa will schlechtes Fleisch fangen?»

«Nun ja, mein Freund, wenn du Angst, du nicht mitgehen, verstanden?»

«Massa, ich nicht Angst», sagte er empört, «aber wenn wir schlechtes Fleisch treffen und es Massa töten, der Fon werden zuviel zornig.»

«Halt dein Mund, mein Freund», sagte ich und holte mein Gewehr hervor. «Ich nehmen mein eigenes Gewehr. Dann, wenn Fleisch mich töten, es nicht dein Palaver, du hören?»

«Ich hören, Sah», sagte der Jäger.

Es war ganz früh am Morgen, und die Sonne war noch nicht hinter den Bergketten am Horizont aufgestiegen. Der Himmel war von einem ganz zarten Rosa, stellenweise mit weißen Wolkenspitzen garniert. Die Täler und Hügel verschwammen noch trübe im Nebel, und das hohe, goldene Gras am Straßenrand neigte sich schwer vom Tau.

Die Jäger gingen im Gänsemarsch voran, die Hundemeute jagte ins Unterholz hinein und wieder hinaus, und ihre Glocken bimmelten vergnügt.

Bald bogen wir von der Straße ab und folgten einem schmalen, gewundenen Pfad, der über die Hügel führte.

Hier lag dichter Bodennebel. Man konnte den unteren Teil des eigenen Körpers nicht sehen und gewann den unheimlichen Eindruck, als wate man bis zur Hüfte in sanftwogendem Schaum.

Das lange, taufeuchte Gras quietschte unter meinen Sohlen, und rundherum unter der Oberfläche dieses undurchsichtigen Nebelsees amüsierten sich kleine Frösche unter heftigem Gekicher über einen Amphibienwitz. Bald stieg die Sonne wie eine kandierte Orange über dem fernen Hügelsaum auf, und als ihre Glut zunahm, fing der Nebel an, von der Erde zum Himmel emporzusteigen, so daß es schließlich schien, als gingen wir durch einen Wald bleicher weißer Bäume, die sich verrenkten und beugten, sich mit der Wandlungsfähigkeit von Amöben spalteten und wieder zueinander glitten, während sie sich streckten und emporschlängelten.

Wir brauchten zwei Stunden, um den Ort zu erreichen, den die Jäger für unsere erste Jagd bestimmt hatten. Es war ein tiefes, weites Tal, das sanft gekrümmt wie ein Bogen zwischen zwei Hügelketten lag. Durch die Talsohle bahnte sich ein kleiner Fluß seinen Weg; zwischen den schwarzen Felsen und dem goldenen Gras glänzte er in der Sonne wie ein feines Rinnsal gesponnenen Glases. Das Unterholz in dem Tal war dicht und verwachsen und wurde da und dort von kleinen Gruppen von Sträuchern und Gebüschen überschattet.

Wir stiegen ins Tal hinunter und spannten Netze von der einen Seite zur anderen, insgesamt ungefähr hundert Meter. Dann nahmen die Jäger die Hunde und gingen zum Taleingang, während ich bei den Netzen wartete. Eine halbe Stunde lang herrschte Stille, die nur durch die schwachen Töne der Hundeglocke und einen gelegentlichen schrillen Aufschrei unterbrochen wurde, wenn einer der Jäger auf einen Dorn getreten war.

Gerade dachte ich, daß alle Mühe umsonst gewesen sei, als die Jäger ein großes Geschrei anstimmten und die Hunde wütend zu bellen anfingen. Sie befanden sich noch in einiger Entfernung von dem Netz und waren durch eine Baumgruppe meinen Blicken entzogen.

«He, was jetzt?» versuchte ich den Lärm zu übertönen.

«Jetzt Fleisch an dies Platz, Massa», kam die Antwort.

Ich wartete geduldig; da zwängte sich auch schon ein keuchender Jäger zwischen den Bäumen hindurch.

«Massa, du mir geben klein Fangnetz», sagte er und deutete auf die kleineren Netze, die neben den Säcken aufgestapelt lagen.

«Na, was für Fleisch ihr gefunden?» fragte ich ihn.

«Na, Hörnchen, Sah. Es Stamm hinaufrennen.»

Ich ergriff einen dicken Segeltuchsack und folgte ihm durch das Unterholz, bis wir die Baumgruppe erreichten.

Hier standen die Jäger auf einem Haufen, schnatterten und beratschlagten über die beste Art, die Beute zu fangen, während die Hunde am Stamm eines kleinen Baumes hinaufsprangen und bellten.

«Auf welcher Seite das Fleisch?» fragte ich.

«Na, dort, dort, weit oben, Massa.»

«Schönes Fleisch das, Massa.»

«Wir es schon fangen, Massa.»

Ich trat unter den Baum und schaute in das Laub. Dort hockte auf einem Zweig, ungefähr sieben Meter über uns, ein großes, hübsches Baumhörnchen: grau in grau geströmt, mit einem weißen Streifen längs der Rippen und orangefarbenen Pfoten. Sein grau und schwarz gesäumter Schweif war lang, aber nicht buschig. Es hockte auf dem Ast, peitschte gelegentlich mit dem Schwanz in unsere Richtung und rief: «Tschak-tschak!» auf so übellaunige Weise, als sei es eher gereizt als beunruhigt. Es beobachtete uns mit feindseligen Blicken, während wir die Netze, ungefähr drei Meter vom Fuß des Stammes entfernt, im Kreis aufstellten. Dann banden wir die Hunde an und bestimmten den kleinsten der Jäger dazu, dem Baumhörnchen nachzuklettern und es herunterzutreiben. Diese letzte Phase des Unternehmens war die Idee der Jäger. Mir kam der Versuch, ein Hörnchen auf dem Baum zu überlisten, lächerlich vor, aber die Jäger blieben dabei, daß das Hörnchen herunterkommen werde, sobald jemand hinaufklettere. Und es erwies sich, daß sie vollkommen recht hatten: Kaum hatte der Jäger die oberen Äste auf der einen Seite des Baumes erreicht, als das Hörnchen auf der anderen Seite des Stammes herunterschoß. Mit unglaublicher Geschicklichkeit stürzte es sich in den Teil des Netzes, der einen Riß hatte, arbeitete sich durch das Loch hindurch und galoppierte im Gras davon, während die Jäger und ich es wild verfolgten und uns gegenseitig Anweisungen zubrüllten, die keiner beachtete. Als wir ein Gebüsch umzingelten, konnten wir gerade noch sehen, wie das Hörnchen am Stamm eines anderen kleinen Baumes hinaufsauste.

Wieder spannten wir unsere Netze aus, und wieder kletterte der Jäger dem Hörnchen nach. Diesmal jedoch war unsere Jagdbeute schlauer. Das Tierchen sah, daß wir das Loch im Netz bewachten, durch das es vorhin entschlüpft war. Es rannte den Baumstamm bis zur Erde hinunter, und dann duckte es sich und sprang. Es segelte durch die Luft und schnellte gerade einen guten Zentimeter über das Netz hinweg. Der zunächststehende Jäger versuchte verzweifelt, es zu ergreifen, aber er verfehlte es, und das Hörnchen galoppierte davon und keckerte dabei empört vor sich hin. Diesmal entschloß es sich zu einer neuen Ausweichtaktik, und statt auf einen Baum hinaufzuklettern, verschwand es in einem Loch am Fuß des Stammes.

Wieder umstellten wir den Baum mit Netzen und fingen an, mit langen dünnen Stöcken in den verzweigten Tunnel hineinzustochern, in dem es sich versteckt hielt. Dies hatte indes keine andere Wirkung, als daß es noch gereizter keckerte, und so gaben wir diese Methode auf. Unser nächster Versuch war erfolgreicher: Wir stopften eine Handvoll schwelenden Grases in das größte Loch, und als der beißende Rauch in die verschiedenen Gänge drang, konnten wir das Hörnchen verärgert husten und niesen hören. Schließlich vermochte es dies nicht länger zu ertragen, raste aus einem der Löcher und landete kopfüber in einem Netz. Aber selbst dann hörte es nicht auf, Schwierigkeiten zu machen. Es biß mich und zwei der Jäger, während wir es befreiten, und einen dritten, als es in den Segeltuchsack gestopft wurde. Ich hängte den Sack an die Zweige eines kleinen Busches, und wir ließen uns nieder, um ein bißchen zu rauchen, was wir sehr nötig hatten. Das Hörnchen beäugte uns währenddessen durch die messingumrandeten Luftlöcher, schnatterte wütend und forderte uns heraus, den Sack zu öffnen und ihm die Stirn zu bieten.

Die längsgestreiften Graslandhörnchen sind in den westafrikanischen Grasländern häufig anzutreffen, aber ich war froh, dieses eine gefangen zu haben, denn es war das erste lebende Exemplar, das ich erbeutete.

Wie ihr Name besagt, sind diese Hörnchen in ihrer Lebensweise fast völlig erdgebunden, und so überraschte es mich einigermaßen, daß das von uns erbeutete Tier seine Zuflucht in den Bäumen gesucht hatte.

Später habe ich festgestellt, daß alle Graslandhörnchen (von denen die Mehrzahl erdgebunden ist) sofort auf einen Baum zustreben, wenn sie verfolgt werden, und nur als letzte Rettung Erdlöcher oder hohle Baumstämme wählen.

Nachdem wir unsere Wunden verbunden, unsere Zigaretten geraucht und uns zu unserem ersten Fang gratuliert hatten, zogen wir mit unserem großen Netz weiter ins Tal hinein an eine Stelle, wo das Gras dicht, verfilzt und fast eindreiviertel Meter hoch war. Dies sei, so unterrichteten mich die Jäger, ein guter Ort für eine besondere Art Fleisch, aber mit begreiflicher Vorsicht weigerten sie sich, mir die Art zu definieren. Wir spannten das Netz aus, und ich stellte mich an einem geeigneten Platz innerhalb des Bogens, ungefähr in der Mitte desselben, auf, so daß ich alles, was wir fangen würden, herausholen konnte. Die Jäger gingen mit den Hunden etwa einen halben Kilometer talaufwärts. Sie stießen einen langen Jodler aus, um mir anzuzeigen, daß sie mit der Treibjagd im hohen Gras begonnen hatten, und dann senkte sich Stille herab. Alles, was ich hörte, war das Schwirren und Zirpen der ungezählten Grashüpfer und Heuschrecken um mich herum und die schwachen Töne der Hundeglocken. Eine halbe Stunde verging, und nichts geschah. Ich war eingeschlossen von riesigen raschelnden Gräsern – so dicht und verflochten, daß ich nicht weiter als ungefähr einen Meter sehen konnte.

Die kleine Lichtung, auf der ich saß, dampfte vor Hitze, und ich fing an, sehr durstig zu werden. Als ich umherschaute, bemerkte ich etwas, das ich total vergessen hatte, nämlich eine Thermosflasche mit Tee, die von meinem aufmerksamen Koch in einen Beutel gesteckt worden war. Dankerfüllt holte ich sie heraus, hockte mich am Rande des hohen Grases nieder und schenkte mir eine Tasse ein. Während des Trinkens bemerkte ich in der mir gegenüberliegenden Grasmauer die Öffnung eines dunklen Ganges. Es war offenbar der Privatweg eines Tieres durch den Wald von riesigen Halmen, und ich beschloß, ihn zu untersuchen, wenn ich ausgetrunken hatte.

Ich hatte mir gerade eine zweite Tasse Tee eingegossen, als zu meiner Rechten ein entsetzliches Gebrüll losbrach – erstaunlicherweise ganz in der Nähe. Die Jäger stießen ein schrilles Gekläff aus, um die Hunde anzufeuern, und die Hunde bellten wutentbrannt. Ich fragte mich eben, was los sei, als ich ein Rascheln im Gras vernahm. Ich rutschte näher an den Gang heran, um zu erkunden, was das Geräusch verursachte, als das Gras sich urplötzlich teilte und eine große, dunkelbraune Masse aus dem Loch hervorschoß und geradewegs in mich hineinlief. Ich war ausgesprochen im Nachteil: Erstens hatte ich keinen Angriff erwartet, und zweitens hockte ich auf den Fersen, die Thermosflasche in der einen und eine Tasse Tee in der anderen Hand.

Das Tier, das meinen erschrockenen Blicken doppelt so groß wie ein Biber erschien, landete genau in meinem Zentrum, und ich fiel platt auf den Rücken mit dem Tier auf meinem Bauch, während die Thermosflasche mit tödlicher Zielsicherheit einen Strom brühheißen Tees in meinen Schoß ergoß. Das Tier und ich schienen gleichermaßen erstaunt, und unsere schrillen Angstschreie waren kaum zu unterscheiden. Da ich die Hände voll hatte, konnte ich nur versuchen, es wild mit den Armen zu umklammern, aber es sprang wie ein Gummiball von mir ab und trippelte hastig durch das Gras davon. Ein Teil des Netzes fing an zu rukken und zu flattern, und ein verzweifeltes Quietschen tönte zu mir herüber, woraus ich schließen konnte, daß es direkt ins Netz gelaufen war. Nach den Jägern rufend, kämpfte ich mich durch das hohe Gras bis zu der Stelle, wo sich das Netz bewegte.

Unsere Beute hatte sich gründlich ins Netz verwickelt; zusammengekrümmt lag sie darin, bebte und schnaufte und machte hin und wieder vergebliche Versuche, sich durch die Maschen zu beißen. Beim näheren Hinschauen konnte ich erkennen, daß es eine sehr große Rohrratte war, ein Geschöpf, das den Afrikanern als «Grasschneider» bekannt ist. Dieser Name bezeichnet treffend die Lebensgewohnheiten des Tieres; denn mit seinen großen und wohlentwickelten Schneidezähnen zieht der Grasschneider wie eine Mähmaschine durch Grasflächen und Ackerland. Er war ungefähr dreiviertel Meter lang und mit einem rauhen, bräunlichen Fell bedeckt. Er hatte ein pausbäckiges, biberähnliches Gesicht, kleine Ohren, die dicht am Kopf anlagen, einen dicken, kahlen Schwanz und große, nackte Füße. Er schien durch meine Gegenwart so verschreckt, daß ich mich hütete, ihm näher zu kommen, ehe die Jäger eintrafen, denn ich fürchtete, er könnte aus dem Netz ausbrechen. Er lag heftig zitternd da, und nur ab und zu gab er sich einen Ruck oder sprang ein wenig in die Höhe, wobei er verzweifelt quietschte. Damals beunruhigte mich dieses Gehaben sehr, denn es sah aus, als ob das Tier sich im letzten Stadium eines Herzanfalles befände. Erst später, als ich die Rohrratten näher kennenlernte, fand ich heraus, daß sie auf jedes ungewohnte Erlebnis mit diesem hysterischen Theater reagieren, wahrscheinlich in der Hoffnung, den Feind zu erschrecken oder zu verwirren. In Wirklichkeit sind Rohrratten keine besonders schüchternen Tiere und würden sich keinen Augenblick scheuen, ihre großen Schneidezähne in den Handrücken eines jeden zu graben, der sich eine Freiheit mit ihnen erlaubt. Ich hielt mich in gebührender Entfernung, bis die Jäger herankamen; dann gingen wir hin und befreiten die Ratte aus dem Netz.

Während wir sie in einen festen Sack beförderten, zappelte sie plötzlich wild zwischen meinen Händen, und als ich energischer zupackte, hielt ich zu meiner Verwunderung ein großes Büschel ihres Felles zwischen meinen Fingern. Als wir sie sicher untergebracht hatten, setzte ich mich nieder, um mir eingehend die Haare zu besehen, die ich ihr durch meinen Zugriff ausgerissen hatte. Sie waren ziemlich lang und sehr dick; man könnte solch ein Haar eher als derbe Borste bezeichnen. Es sitzt offenbar so locker in der Haut, daß es beim leisesten Ziehen büschelweise ausgeht. Auch bedarf es einer erstaunlich langen Zeit, um nachzuwachsen, und da kahle Rohrratten nicht gerade schön sind, mußte man sie mit äußerster Vorsicht behandeln.

Nachdem wir die Rohrratte gefangen hatten, streiften wir gemächlich talaufwärts, spannten von Zeit zu Zeit Netze aus und durchstöberten vielversprechende Gruppen von Unterholz. Als uns jedoch klar wurde, daß das Tal keine weiteren Tiergattungen beherbergte, rollten wir die Netze auf und wandten uns einem großen, etwa dreiviertel Kilometer entfernten Hügel zu. Dieser Hügel war so wunderschön geformt, daß er ein Hünengrab hätte sein können, das Grab irgendeines Riesen, der in längstvergangenen Zeiten im Grasland umhergestreift war. Ganz oben lag ein Haufen von hausgroßen Felsblöcken, die sich wie ein Denkmal emportürmten. In den schmalen Spalten und Wasserrinnen zwischen den Felsen hatte sich eine Anzahl kleiner Bäume angesiedelt, deren Stämme vom Wind verbogen und verkrümmt waren und die kleine Büschel leuchtendgoldener Früchte trugen. In dem hohen Gras zu Füßen der Stämme wuchsen purpurrote und gelbe Orchideen, und stellenweise waren die großen Felsen mit einem dicken Teppich einer windenartigen Schlingpflanze bedeckt, von der elfenbeinfarbene, trichterförmige Blüten herabhingen. Der riesige Haufen von Felsblöcken, die leuchtenden Blüten und die struppigen, verkrüppelten Bäume hoben sich herrlich vom strahlenden Blau des Nachmittagshimmels ab.

Wir kletterten in den Schatten der Felsen und ließen uns in dem hohen Gras nieder, um unsere Mahlzeit einzunehmen. Das bergige Grasland breitete sich nach allen Richtungen um uns aus; die vielfältigen Farben schimmerten und wechselten mit dem Wind. Die Gipfel der Hügel gingen von blassem Gold in Weiß über, während die Täler in einem grünlichen Blau ruhten, das dort tiefer wurde, wo prächtige Kumuluswolken darüber hinwegzogen und purpurne Schatten hinter sich herschleiften. Gerade vor uns lag eine lange Kette zart modellierter Hügel, deren Fuß durch große, verstreute Felsblöcke und kleine Bäume fast verdeckt wurde. Die Hügel waren so weich und schön geformt und mit einem Gras bedeckt, das so verwirrende Schattierungen von Grün, Gold, Purpur und Weiß zeigte, daß sie wie große Wogen aussahen, die sich aufbäumten und über der kümmerlichen Barriere von Felsen und Gebüschen zusammenschlugen. Der Frieden und die Stille in diesen Höhen waren erstaunlich; fast alle Geräusche wurden vom Wind hervorgerufen, der eifrig hierhin und dorthin eilte und jedes Ding seinen eigenen Gesang anstimmen ließ. Er kämmte das Gras, daß es sanft und lispelnd raschelte, er zwängte und schlängelte sich zwischen die Risse und Spalten der Felsen uns zu Häupten, und es klang wie der Ruf der Eule und wie ein Ausbruch von höhnischem Gelächter; er kämpfte und rang mit den zähen kleinen Bäumen, und sie krachten und ächzten, während ihre flatternden Blätter wie Kätzchen schnurrten. Und doch schienen all diese kleinen Laute die Stille des Graslandes nur zu vertiefen und nicht zu zerstören.

Plötzlich wurde die Ruhe durch ein entsetzliches Gebrüll hinter dem großen Felshaufen zerrissen. Als ich hineilte, fand ich die Jäger und Hunde am Fuße eines Riesenfelsblockes. Drei der Jäger stritten wild miteinander, während der vierte herumhüpfte, vor Schmerz heulte und große Mengen Blutes aus einer Wunde an seiner Hand verspritzte, wobei ihn die aufgeregten Hunde mit lautem Gebell umsprangen.

«He, was ist das Palaver?» fragte ich.

Alle vier Jäger wandten sich mir zu, um ihre verschiedenen Darstellungen der Ereignisse anzubringen, und ihre Stimmen wurden lauter und lauter in dem Bemühen, einander zu übertönen.

«Warum ihr alle schreien? Wie ich können hören, wenn alle durcheinanderreden wie Weiber, he?» sagte ich.

Als Ruhe eingetreten war, zeigte ich auf den blutüberströmten Jäger.

«Wie du bekommen deine Wunde, mein Freund?»

«Massa, Fleisch mich haben gehackt.»

«Fleisch? Was für Fleisch?»

«Eh, Massa, ich nicht wissen. Es mich beißen zu sehr, Sah!»

Ich untersuchte seine Hand und stellte fest, daß ein shillinggroßes Stück fein säuberlich aus seiner Handfläche herausgebissen war. Ich machte ihm einen Notverband und versuchte dann herauszubekommen, was für ein Tier ihn gebissen hatte.

«Wo dieses Fleisch?»

«Eh, da, da, in Loch, Sah», sagte der Verwundete und deutete auf einen Spalt am Fuße des großen Felsens.

«Du nicht wissen, was für Fleisch?»

«Nein, Sah», sagte er bekümmert, «ich nicht sehen. Ich kommen zu Ort und sehen Loch. Ich denken, da drin sein Fleisch vielleicht, so ich stecken mein Hand hinein. Dann Fleisch mich beißen.»

«Hu! Dieser Mann keine Furcht haben», sagte ich, zu den anderen Jägern gewendet. «Er nicht erst sehen in Loch hinein. Er tun seine Hand hinein, und Fleisch ihn beißen.»

Die anderen Jäger kicherten. Ich wandte mich wieder an den Verwundeten.

«Mein Freund, du tun deine Hand in dieses Loch, he? Nun, manchmal du finden Schlange in diese Art Platz, nicht wahr? Wenn Schlange dich beißen, was du machen?»

«Ich nicht wissen, Massa», sagte er grinsend.

«Ich nicht will toten Jäger, mein Freund. Du nicht tun so was Dummes noch mal, du hören?»

«Ich hören, Sah.»

«Gut, nun wir werden sehen nach Fleisch, das dich beißen.»

Ich nahm eine Taschenlampe aus dem Sack, kauerte vor dem Loch nieder und schaute hinein.

Im Licht der Lampe glühten ein Paar kleiner Augen rubinrot auf, und dann zeigte sich ein kleines, spitzes, ingwerfarbenes Gesicht, gab ein schrilles Knurren von sich und verschwand im Dunkel des Loches.

«Ah!» sagte einer der Jäger, der das Geräusch gehört hatte, «das sein Präriehund. Dies Fleisch sein zu sehr wild, Sah.»

Unglücklicherweise wird auf Pidgin-Englisch die Bezeichnung Präriehund unterschiedslos auf eine große Auswahl von kleinen Säugetieren angewendet, von denen wenige auch nur entfernt mit Hunden verwandt sind. So war ich durch die Bemerkungen des Jägers in bezug auf das Tier nicht klüger geworden. Nach einigem Hin und Her entschieden wir, daß wir am ehesten das Tier zu sehen bekommen würden, wenn wir ein Feuer vor dem Loch anzündeten, um dann den Rauch mit Blättern hineinzufächeln. Dies taten wir denn auch, nachdem wir vorher ein kleines Netz vor den Ausgang des Loches gespannt hatten. Kaum war der erste Rauchschwaden in die Felsöffnung gedrungen, als das Vieh mit solchem Schwung aus dem Loch in das Netz hineinfuhr, daß dieses aus seiner Vertäuung gerissen wurde und das Tier den Abhang hinunter in das Gras rollte, das Netz hinter sich herschleppend. Die Hunde jagten hinterdrein, bellten gellend vor Aufregung, und wir folgten ihnen auf dem Fuß und drohten ihnen mit Gott weiß was für Strafen, wenn sie die Beute verletzen sollten. Aber das Tier war gar nicht auf unsere Hilfe angewiesen und durchaus fähig, für sich selbst einzustehen, wie wir bald herausfanden.

Es schüttelte die Falten des Netzes ab, stellte sich auf die Hinterbeine und entpuppte sich als ein schlanker, ingwerfarbener Mungo, ungefähr von der Größe eines Hermelins. Da stand er, schwankte leicht von einer Seite zur anderen und gab aus weitgeöffneter Schnauze die schrillsten und ohrenzerreißendsten Schreie von sich, die ich je von einem Tier dieser Größe gehört habe. Die Hunde hemmten ihren Lauf und betrachteten ihn voller Verwirrung, wie er da kreischend vor ihnen hin- und herschwankte. Einer, der etwas mutiger war als die anderen, näherte sich vorsichtig und schnüffelte an dem Geschöpf. Darauf hatte der Mungo offenbar nur gewartet. Er ließ sich flach ins Gras fallen, glitt wie eine Schlange vorwärts, verschwand zwischen den hohen Halmen und tauchte plötzlich zwischen den Beinen unserer edlen Meute auf. Dort fing er an, sich wie ein Kreisel zu drehen, und während er in jede Pfote und jedes Bein biß, das er zu Gesicht bekam, stieß er ein ununterbrochenes Gekreisch aus. Die Hunde taten ihr möglichstes, um seinen Bissen zu entgehen, aber sie waren im Nachteil, denn das hohe Gras verbarg seine Annäherung, und alles, was sie tun konnten, war, wie wild in die Luft zu springen. Dann verließ sie plötzlich der Mut, sie machten kehrt und flohen den Hügel hinauf, während der Mungo, auf seinen Hinterbeinen stehend, das Schlachtfeld behauptete, leicht keuchend, aber immer noch imstande, ihren fliehenden Schwänzen höhnende Schreie nachzuschicken.

Nachdem die Hundemeute also besiegt war, blieb es uns überlassen, den wilden, wenn auch winzigen Gegner zu fangen. Dies gelang uns leichter, als ich es für möglich gehalten hätte: Ich zog seine Aufmerksamkeit auf mich und brachte ihn dazu, einen Rucksack anzugreifen. Und während er eifrig damit beschäftigt war hineinzubeißen, kroch ein Jäger von hinten an ihn heran und warf ihm ein Netz über. Während wir den Mungo aus dem Netz befreiten und in den Sack steckten, platzte uns fast das Trommelfell von seinem Wutgeschrei, das er auch den ganzen Heimweg über ausstieß, obgleich es gottlob durch den dicken Sack etwas gedämpft wurde. Er hörte erst damit auf, als ich ihn, in Bafut angelangt, in einen großen Käfig steckte und ihm einen blutigen Hühnerkopf zuwarf, über den er sich mit philosophischer Ruhe hermachte und den er im Nu bewältigt hatte. Danach verhielt er sich ruhig. Doch jedesmal, wenn er jemanden erblickte, raste er ans Gitter und schrie ihm Beschimpfungen zu. Das wirkte so entnervend, daß ich gezwungen war, die Vorderseite des Käfigs mit einem Stück Sackleinwand zu verhängen, bis er sich an menschliche Gesellschaft gewöhnt haben würde. Drei Tage später hörte ich dieselben vertrauten Schreie die Dorfstraße heraufschallen, und lange bevor der eingeborene Jäger zu sehen war, wußte ich, daß mir ein neuer Zwergmungo gebracht wurde. Zu meiner Freude war dieser zweite ein Weibchen, und so tat ich ihn zu dem ersten Gefangenen. Das war unklug, denn nun kreischten sie um die Wette, einer wollte den anderen übertrumpfen, was so nervenberuhigend wirkte wie das tausendfach verstärkte Quietschen eines Messers auf einem Teller.

Bei meiner Rückkehr vom ersten Ausflug mit den Spürhunden fand ich in Bafut eine Botschaft des Fons vor, der mich aufforderte, zu einem Drink zu ihm zu kommen und ihm einen ausführlichen Jagdbericht zu erstatten. Als ich gegessen und mich umgezogen hatte, ging ich also über den Hof zu der kleinen Villa des Fon. Er saß auf der Veranda und hielt eine Flasche Gin gegen das Licht, um sie auf ihren Inhalt zu prüfen.

«Ah, mein Freund», sagte er, «du kommen? Du haben gute Jagd in Busch?»

«Ja», sagte ich und nahm auf dem angebotenen Stuhl Platz, «Bafutjäger können fangen fein Fleisch. Wir fangen drei Fleisch.»

«Foin, foin», meinte der Fon und goß mir fünf Finger hoch Gin in ein Glas, das er mir reichte. «Wenn du bleiben hier kleine Zeit, du kriegen viel-viel Fleisch. Ich all mein Leuten sagen.»

«Jawohl. Ich denken, Bafut können Fleisch fangen – viel mehr gut als alle Leute in Kamerun.»

«Ja wahr, ja wahr», sagte der Fon hingerissen, «du wahr sprechen, mein Freund.»

Wir erhoben unsere Gläser, ließen sie aneinanderklingen, strahlten uns gegenseitig an und genehmigten uns einen tiefen Zug. Der Fon füllte die Gläser von neuem und schickte dann einen Mann aus seinem zahlreichen Gefolge auf die Suche nach einer weiteren Flasche. Als wir uns durch den größten Teil dieser Flasche durchgearbeitet hatten, waren wir schon reichlich benebelt. Der Fon wandte sich an mich:

«Du lieben Musika?» fragte er.

«Ja, sehr viel», sagte ich wahrheitsgetreu, denn ich hatte gehört, daß der Fon eine Kapelle von überdurchschnittlicher Güte besaß.

«Gut, wir werden haben Musika», sagte er und erteilte einem seiner Diener einen kurzen Befehl.

Gleich darauf marschierte die Kapelle in den Hof unter der Veranda, und zu meinem Erstaunen bestand sie aus ungefähr zwanzig Frauen des Fon, die bis auf spärliche Lendenschurze ganz nackt waren. Sie waren mit Trommeln von unglaublicher Vielfalt ausgerüstet, angefangen vom Format einer kleinen Bratpfanne bis zu den großen bauchigen Sorten, die von zwei Leuten getragen werden mußten. Dann gab es auch Holz- und Bambusflöten von einer eigentümlichen Süße des Tones und große, mit getrocknetem Mais gefüllte Bambuskästen, die, geschüttelt, ein wundervolles, rauschendes Rasseln ertönen ließen. Doch das seltsamste Instrument der Kapelle war eine hölzerne, ungefähr eineinviertel Meter lange Pfeife. Diese ruhte mit einem Ende auf dem Boden, wurde aufrecht gehalten und auf ganz besondere Art geblasen. Sie gab ein tiefes, schwingendes Geräusch von sich, das höchst erstaunlich wirkte, da man es allenfalls aus einer Toilette mit Sonderakustik erwartet hätte.

Die Kapelle begann zu spielen, und bald fingen etliche Mitglieder des Fonschen Haushaltes an, im Hof zu tanzen. Der Tanz war eine Kreuzung von Volks- und Salontanz. Die Paare, eng umschlungen, kreisten langsam herum, ihre Füße vollführten kleine, komplizierte Schritte, während ihre Körper in einer Weise wackelten, die in keinem Tanzlokal erlaubt worden wäre. Gelegentlich sonderte sich ein Paar ab und drehte sich eine Zeitlang ganz allein und völlig hingegeben nach der Musik, mit improvisierten, schwankenden Schritten. Die Flöten zwitscherten und quiekten, die Trommeln rasten und bebten, die Rasseln knarrten und raschelten in dem eintönigen Gleichmaß von Wellen auf steinigem Strand. Hinter diesem Rausch von Tönen konnte man alle paar Sekunden die tubaähnlichen Instrumente wie in ungeheurer Katharsis mit der Regelmäßigkeit des Herzschlages aufheulen hören.

«Dir gefallen mein Musika?» rief der Fon.

«Ja, sehr fein», brüllte ich zurück.

«Du bekommen die Art Musika in dein Land?»

«Nein», sagte ich mit ehrlichem Bedauern, «wir bekommen sie nicht.»

Der Fon füllte von neuem mein Glas.

«Bald, wenn mein Leute Gras bringen, wir haben viel Musika, viel Tanzen, he? Wir werden haben ein glücklich Zeit. Wir werden viel sehr glücklich sein, nicht sein so?»

«Jawohl, wir werden haben ein glücklich Zeit.»

Draußen im Hof spielte die Kapelle weiter, und das stete Rollen und Dröhnen der Trommel schien in den dunklen Himmel hinaufzusteigen, so daß selbst die Sterne nach ihrem Rhythmus flimmern und tanzen mußten.

DRITTES KAPITEL

Das dröhnende Hörnchen

Während meines Aufenthaltes in Bafut lag mir besonders daran, zwei Tiergattungen des Graslandes in meinen Besitz zu bekommen: Die eine war der Klippschliefer, die andere das Stangers-Hörnchen. Um sie zu fangen, mußte ich in zwei ganz verschiedenen Landschaften Jagden veranstalten, und diese sind meinem Gedächtnis lebhafter eingeprägt als alle anderen Jagdabenteuer, die ich in den Grassteppen hatte.

Die erste dieser Jagden galt dem Hörnchen und war vor allem dadurch bemerkenswert, daß es nur einmal gelang, eine Aktion vorauszuplanen und sie erfolgreich durchzuführen, ohne daß sie im letzten Moment eine unvorhergesehene Wendung nahm. Das Stangers-Hörnchen ist ein recht alltägliches Tier in Kamerun. Zuletzt hatte ich in den tiefen Wäldern des Mamfe-Beckens auf dieses Tierchen Jagd gemacht. Dort verbringt es seine Zeit in den Wipfeln der höchsten Bäume, nährt sich von der Fülle der Früchte in jenen sonnigen Höhen und kommt nur selten auf die Erde herunter. Dadurch ist es fast ausgeschlossen, es zu fangen. Seither hatte ich jedoch erfahren, daß die Hörnchen im Grasland in kleinen Baumgruppen am Flußufer hausen und einen Großteil ihrer Zeit auf dem Boden zubringen, um im Gras nach Futter zu suchen. Da schien mir die Chance, sie zu fangen, größer. Als ich den Bafut-Spürhunden ein Bild des Hörnchens zeigte, erkannten sie es sofort und erklärten lärmend, sie wüßten, wo es zu finden sei. Auf meine weiteren Fragen erfuhr ich, daß sie mit den Gewohnheiten des Tieres vertraut waren und es oft gejagt hatten.

Offenbar lebten die Hörnchen in einem kleinen Bergwald, aber in den sehr frühen Morgenstunden oder am Abend kamen sie von den Bäumen herunter und wagten sich zum Fressen ins Grasland hinaus. Das war die Zeit, meinten die Bafut-Spürhunde, sie zu fangen.

«Was tun das Tier in der Nacht?» fragte ich.

«Ah, Massa, du nicht können es fangen in Nacht», war die Antwort. «Das Fleisch oben auf hohen Stangen schlafen, wo kein Mensch hinkönnen. Aber abends oder früh-früh morgens wir es können fangen.»

«Gut», sagte ich, «wir es fangen früh-früh morgens.»

Wir verließen Bafut um ein Uhr nachts, und nach einem langen und ermüdenden Marsch über Hügel, durch Täler und Grasfelder erreichten wir vor Morgengrauen unser Ziel. Es war ein kleines Plateau auf halber Höhe einer steilen Berglehne. Das Terrain war verhältnismäßig flach, ein breiter, seichter Fluß plätscherte hindurch, dessen beide Ufer mit einem schmalen, aber dichten Waldstreifen bestanden waren. Wir krochen in den Schutz eines Felsens, starrten in das Dunkel, und während wir den Tau von unseren Gesichtern wischten, versuchten wir, das Land zu überblicken, und entwarfen unsere Pläne. Wir beabsichtigten, ungefähr vierhundert Meter vom Saum der Baumgruppe entfernt, zwei oder drei Streifen Netze in dem hohen Gras auszuspannen. Dies mußte umgehend geschehen, ehe es so hell wurde, daß die Hörnchen uns sehen konnten.

Netze in hüfthohem, taufeuchtem Gras auszuspannen ist kein angenehmer Zeitvertreib, und wir waren froh, als das letzte an seinem Platz befestigt war. Dann näherten wir uns vorsichtig dem Wald und versteckten uns unter einem großen Busch. Hier hockten wir, versuchten das Klappern unserer Zähne zu unterdrücken, waren weder imstande zu rauchen noch zu sprechen oder uns zu bewegen und beobachteten unterdessen, wie die Finsternis der Nacht entschwand und der Himmel im Osten bleicher wurde. Langsam wandelte er sich in ein fahles, opalisierendes Grau, dann errötete er rosig, und später, als die Sonne über den Horizont lugte, ging er urplötzlich und blendend in das leuchtende Blau der Eisvögel über. In diesem reinen und zarten Licht zeigten sich die Berge ringsum eingehüllt in Bodennebel. Als die Sonne höher stieg, begann der Nebel zu ziehen, an den Graten entlangzustreichen und die Hügel hinunterzugleiten, um die Täler zu füllen. Einen kurzen Augenblick lang hatten wir die Grassteppen ruhig und schlummernd unter der Nebeldecke gesehen, jetzt schien es, als erwachten die Berge; sie gähnten und streckten sich unter dem weißen Bettuch, stießen es an manchen Stellen beiseite, hüllten sich an anderen fester hinein und wanden sich taufeucht und verschlafen aus den Falten ihrer weißen Laken. Oft noch habe ich dies Erwachen der Berge beobachtet und bin dieses Anblicks nie müde geworden. Wenn man bedenkt, daß sich jeden Morgen, seit es die alten Berge gibt, dasselbe ereignet, dann ist es erstaunlich, wie frisch und erstmalig uns dieser Vorgang immer wieder erscheint. Nie wirkt er langweilig oder banal, immer ist er anders. Manchmal ballt sich der Nebel beim Aufsteigen zu seltsamen Tiergestalten: Drachen, Phönixen, Lindwürmern oder milchweißen Einhörnern, manchmal formt er sonderbare Strähnen von treibendem Seetang, Bäume oder große, zerfallende Büsche weißer Blumen. Ein andermal, wenn ein Wind nachhalf, überraschte er durch die strengsten und kompliziertesten geometrischen Formen. Und all die Zeit über, während der Nebel hin und her wallte, erhaschte man überwältigend schöne Ausblicke auf die Berge dahinter, die in so zarten und ätherisch sanften Farben erstrahlten, daß sie mit Worten nicht zu beschreiben sind. Als ich, dort kauernd, zwischen den Zweigen des schützenden Busches hindurchlugte und das Erwachen der Berge beobachtete, stellte ich fest, daß es der Mühe wert sei, müde, durchfroren und hungrig zu sein, wert, sich vom Tau durchnässen zu lassen und Wadenkrämpfe zu bekommen, nur um diesen Anblick zu genießen. Meine Betrachtungen wurden durch ein lautes, kämpferisches «Tschak-tschak!» von den Bäumen über uns unterbrochen, und einer der Jäger packte mich am Arm und sah mich mit glühenden Augen an. Er beugte sich zu mir und flüsterte mir ins Ohr:

«Massa, das sein jetzt Fleisch, Massa wollen. Wir sitzen still-still, und es in klein Zeit herunterkommen.»

Ich wischte mir den Tau vom Gesicht und schaute in das Grasland hinaus, wo wir die Netze aufgestellt hatten. Gleich darauf hörten wir aus der Tiefe des Waldes noch mehr dieser keckernden Geräusche. Es waren die erwachenden Hörnchen, die mit mißtrauischen Augen in den Tag schauten. Wir warteten, wie mir schien, sehr lange, und dann bemerkte ich plötzlich, daß sich im Grasfeld zwischen uns und den Netzen etwas bewegte. Es war ein merkwürdiger Gegenstand, der da und dort über dem hohen Gras auftauchte und auf den ersten Blick wie ein länglicher, schwarz-weiß gestreifter Ballon aussah. In dem verschwimmenden Morgendunst vermochte ich nicht zu erkennen, was es war, und so machte ich die Jäger auf diesen seltsamen Gegenstand aufmerksam, indem ich schweigend darauf hindeutete.

«Das jetzt sein das Fleisch, Massa», sagte einer von ihnen.

«Es sein auf Boden gekommen, es sein auf Boden gekommen», rief der andere vergnügt.

«Nun, was sein dies Ding?» flüsterte ich, denn ich konnte dieses seltsame, ballonähnliche Etwas mit keinem Teil des Hörnchenkörpers in Einklang bringen.

«Dies Ding sein Schwanz, Sah», sagte der Jäger. Und damit es keine Zweifel darüber gebe: «Dies Ding er haben an Ende.»

Wie jeder Trick schien auch dies völlig selbstverständlich, nachdem es erst einmal erklärt war. Ich sah ganz deutlich, daß der schwarz-weiß gestreifte Gegenstand der Schwanz eines Hörnchens war, und ich wunderte mich, warum in aller Welt ich es für einen Ballon gehalten hatte. Gleich darauf kamen zu dem einen Schwanz noch andere Schwänze, und als der Nebel sich hob und auflöste, konnten wir die Hörnchen selbst sehen.

Es waren acht, die in das Grasland hinaushüpften, große und ziemlich dicke Tiere mit schweren Köpfen, aber der größte und auffälligste Teil ihres Körpers war der Schwanz. Sie hopsten vorsichtig von Büschel zu Büschel, hielten an, um sich auf die Hinterbeine zu setzen und vorsichtig in die Richtung zu sichern, in die sie zogen. Dann ließen sie sich wieder auf alle viere nieder, hoppelten ein paar Meter vorwärts und schlugen mit ihren Schwänzen, während sie sich bewegten. Manchmal duckten sie sich für einige Sekunden ganz still nieder, legten die Schwänze sorgfältig über den Rücken, so daß die buschigen Enden herunterhingen und ihre Gesichter fast völlig verdeckten. Die Tiere im Grasland verhielten sich ruhig, aber in den Bäumen hinter uns konnten wir ein gelegentliches mißtrauisches Keckern von jenen hören, die sich noch nicht ein Herz gefaßt hatten herunterzukommen. Es war mir klar, daß wir genug zu tun haben würden, acht zu fangen, und so gab ich den Jägern einen Wink, und wir erhoben uns aus unseren Verstecken. Wir verteilten uns in einer Reihe unter den Bäumen, und dann blieben die Jäger stehen und warteten auf das Zeichen zum Vorgehen.

Die Hörnchen waren nun ungefähr hundertzwanzig Meter vom Waldrand entfernt, und ich fand, dies sei für unsere Absichten ausreichend. Ich winkte mit der Hand, und dann traten wir aus dem Schutz der Bäume in das hohe Gras hinaus. Die Hörnchen im Walde stießen laute Alarmrufe aus, und die Hörnchen im Grasfeld machten Männchen, um zu sehen, was los sei. Sie erblickten uns und erstarrten sogleich; dann, als wir uns langsam vorwärts bewegten, sprangen sie ins Gras hinaus und weiter und weiter von den Bäumen fort. Ich glaube nicht, daß sie uns genau ausmachen konnten, denn wir gingen sehr langsam und mit einem Minimum an Bewegung. Sie fühlten, daß wir etwas Feindliches seien, waren dessen aber nicht sicher. Sie rannten ein paar Meter, hielten dann an und setzten sich auf, um uns zu beobachten, wobei sie heftig schnüffelten. Dies war wirklich der heikelste Teil des ganzen Manövers, denn die Tiere befanden sich noch nicht in dem Halbkreis der Netze, und wenn sie rechts oder links ausbrachen, konnten sie leicht in die Grasfelder entkommen. Wir trieben vorsichtig auf sie zu; das Rascheln unserer Füße im Gras und das entfernte und leidenschaftliche Keckern aus dem Wald hinter uns waren die einzigen Laute, die man vernahm.

Ganz plötzlich wurde einem der Hörnchen, das schneller von Begriff sein mochte als die anderen, klar, was da vor sich ging. Es konnte die Netze zwar nicht sehen, denn die waren im hohen Grase versteckt und gut getarnt, aber es merkte, daß wir den ganzen Trupp durch unser Vorgehen weiter und weiter vom Wald und der Sicherheit der hohen Bäume abtrieben. Es stieß einen lauten Warnruf aus und raste durch das Gras davon, sein langer Schwanz wehte hinter ihm drein. Plötzlich schwenkte es nach links ab und galoppierte durch das Gras – fort von den Netzen. Sein einziges Bestreben war, uns auszuweichen und zu den Bäumen zurückzukommen. Die übrigen Hörnchen setzten sich auf und beobachteten es erregt, und mir wurde klar, daß etwas geschehen müsse, wenn sie nicht alle Mut fassen und seinem Beispiel folgen sollten. Mein ursprünglicher Plan war gewesen, zu warten, bis sie ein gutes Stück weit im Halbkreis der Netze waren, ehe ich losstürmen und eine Panik unter ihnen auslösen wollte, um sie in die Maschen zu hetzen. Aber jetzt erkannte ich, daß wir unser Glück sofort versuchen und sie in eine kopflose Flucht treiben mußten. Ich hob meine Hand, und die Jäger und ich preschten vor, schrien und grölten, warfen die Arme hoch und taten alles, um so furchterregend wie möglich auszusehen. Bei unserem Anblick verharrten die Hörnchen den Bruchteil einer Sekunde reglos, dann flohen sie.

Vier von ihnen folgten dem Beispiel des ersten und rasten im rechten Winkel davon. Sie entgingen so den Jägern und den Netzen. Die restlichen drei dagegen rannten geradewegs in unsere Falle, und als wir vorwärts stürmten, konnten wir den oberen Rand des Netzes wackeln sehen – immerhin ein Zeichen, daß sie sich darin verwickelt hatten. In der Tat fanden wir sie vollkommen in die Maschen verstrickt, und während sie uns entgegenstarrten, stießen sie das lauteste und schauderhafteste Gegurgel aus, das ich je von einem Hörnchen gehört habe. Es war völlig verschieden von dem lauten Keckern, das sie bisher von sich gegeben hatten; es war angsterfüllt und warnend – ein Zwischending von Schnarchen und Knurren. Während wir sie befreiten, fuhren sie fort zu lärmen und bissen mit ihren großen orangeroten Schneidezähnen wild in unsere Hände. Als wir sie schließlich in den Segeltuchsäcken untergebracht hatten, mußten wir diese an das Ende eines Stockes hängen, denn ungleich den anderen Graslandhörnchen, die sich im Dunkel der Säcke ganz still verhielten, waren diese Tiere durchaus bereit, den Kampf fortzusetzen. Streifte man nur leicht an den Sack an, so antworteten sie mit einem wütenden Angriff und einer schnellen Folge von Gurgellauten.

Die Hörnchen im Walde waren stark beunruhigt, und die Bäume hallten von leidenschaftlichem «Tschak-tschak» wider. Jetzt, da sie begriffen hatten, wie gefährlich wir waren, schien es sinnlos, einen weiteren Beutezug zu unternehmen, und wir mußten uns mit den drei begnügen, die wir gefangen hatten. Wir packten unsere Netze und die übrige Ausrüstung zusammen und machten uns auf den Rückweg nach Bafut. Dort angelangt, sperrte ich meine kostbaren Hörnchen in drei solide, mit Weißblech ausgeschlagene Käfige, füllte ihre Schalen mit Futter und ließ sie völlig allein, bis sie sich von der Schmach der Gefangennahme erholt haben würden. Sobald sie allein waren, wagten sie sich aus dem Dunkel ihrer Schlafgemächer hervor und vertilgten den Haufen saftiger Früchte, mit dem ich sie versorgt hatte. Sie warfen die Wasserbehälter um, probierten, ob die Weißblechwände des Käfigs durchgenagt werden könnten, und da sich dies als unmöglich erwies, zogen sie sich wieder in ihre Schlafzimmer zurück und schlummerten. In der Nähe betrachtet, waren sie recht hübsche Tiere mit hellgelben Bäuchen und Backen, rostroten Rücken und großen gestreiften Schwänzen. Der Gesamteindruck wurde ein wenig beeinträchtigt durch die Köpfe, die groß waren und an Pferdeschädel erinnerten, mit kleinen, anliegenden Ohren und vorstehenden Zähnen.

Ich hatte irgendwo gelesen, daß die Hörnchen am frühen Morgen in die obersten Wipfel der Bäume stiegen und machtvolle und erstaunliche

Schreie ausstießen: tiefe, rollende Töne, die an das verhallende Dröhnen eines Riesengongs gemahnten. Mir lag daran, diesen Schrei zu hören, aber es schien mir unwahrscheinlich, daß sie ihn in der Gefangenschaft ausstoßen würden. Indessen wurde ich am Morgen nach der Jagd um halb sechs Uhr früh von einem seltsamen Geräusch geweckt. Die Käfige standen vor meinem Fenster auf der Veranda, und als ich mich im Bett aufrichtete, war mir klar, daß das Geräusch aus einem von ihnen kam, ich wußte nur nicht, aus welchem. Ich zog meinen Schlafrock an und schlich hinaus. Ich wartete geduldig im Dämmerlicht, fröstelnd und halb wach, auf eine Wiederholung des Tones. Nach einigen Minuten war er von neuem zu hören, und ich konnte endgültig feststellen, daß er aus einem Hörnchenkäfig kam. Das Geräusch ist schwer zu beschreiben: Es begann wie ein Stöhnen, und als es anschwoll, klang es schluchzend und vibrierend, ähnlich wie das Sausen in Telegrafendrähten – der Ton schien zu verschwimmen und zu schwanken wie bei einem leise angeschlagenen Gong – ansteigend zu einem Crescendo und dann wieder absterbend. Die Hörnchen waren offenbar nur halb bei der Sache, im Walde hätten sie sich mehr ins Zeug gelegt, und ich konnte mir vorstellen, daß es dann ein geheimnisvoller und faszinierender Schrei war, der durch die nebelumhüllten Zweige zog.

Am Abend erschien, wie üblich, der Fon, um zu hören, ob der Tag erfolgreich gewesen sei, und um mir eine Kalebasse mit frischem Palmwein zu schenken. Voll Stolz zeigte ich ihm die Hörnchen und beschrieb ihm die Jagd in allen Einzelheiten. Er wollte ganz genau wissen, wo wir sie gefangen hatten, und da ich mich nicht genug auskannte, mußte ich einen der Jäger rufen, der sich in der Küche gütlich tat. Nun stand er vor dem Fon und beantwortete dessen Fragen durch die vorgewölbten Hände. Das dauerte ziemlich lang, denn die Gegend, in der wir gejagt hatten, war unbewohnt, und so konnte er unsere Route nur durch Hinweise auf verschiedene Wahrzeichen in Gestalt von Felsen, Bäumen oder merkwürdig geformten Hügeln beschreiben. Schließlich nickte der Fon nachdrücklich und saß ein paar Minuten in Gedanken versunken da. Dann redete er heftig auf den Jäger ein und gestikulierte wild mit seinen langen Armen, während der Jäger nickte und sich verbeugte. Schließlich wandte sich der Fon mir zu, lächelte gütig und sorglos, fast geistesabwesend, und hielt mir sein leeres Glas hin.

«Ich diese Mann sagen», erklärte er, indem er scheinbar uninteressiert zusah, wie ich das Glas füllte, «er dich nehmen zu ein besonder Platz in Gebirge. An das Platz du kriegen besonder Sorte Fleisch.»

«Was für Sorte Fleisch?» fragte ich.

«Fleisch», sagte der Fon beiläufig, indem er mit seinem halbvollen Glas herumfuchtelte, «besonder Sorte Fleisch, du noch nicht kriegen haben.»

«Das sein schlechtes Fleisch?» legte ich ihm nahe.

Der Fon stellte sein Glas nieder und breitete seine riesigen Hände aus.

«So groß sein», sagte er. «Nicht schlechtes-schlechtes Fleisch, aber es beißen viel sehr. Es leben in großer-großer Fels und gehen tief-tief hinein. Manchmal es tun schreien viel sehr. Es machen: Whiiiiii!»

Ich zerbrach mir den Kopf über das Geschöpf, während mich der Fon beobachtete.

«Es aussehen wie Grasschneider, aber nicht haben Schwanz zuletzt», sagte er schließlich hilfsbereit.

Mir ging plötzlich ein Licht auf, und ich begab mich auf die Suche nach einem Buch. Schließlich fand ich das Bild, das ich meinte, und zeigte es dem Fon.

«Dies sein das Fleisch?» fragte ich.

«Ah, o ja», sagte der Fon entzückt, indem er das Bild des Klippschliefers mit seinen langen Fingern streichelte, «dies sein das Fleisch. Wie du es nennen?»

«Klippschliefer.»

«Kliepschlifir?»

«Ja; wie ihr es nennen in Bafut?»

«Hier wir es nennen N'iir.»

Ich schrieb den Namen auf meine Liste der landesüblichen Bezeichnungen, und dann füllte ich das Glas des Fon wieder an. Er schaute noch verzückt auf das Bild des Schliefers und zeichnete mit seinen schlanken Fingern die Konturen nach.

«Wha!» sagte er schließlich versonnen. «Sein gut Stück Fleisch dies Tier. Du es kochen mit Kokosnuß-Jam.»

Seine Stimme erstarb, und er leckte sich, in Erinnerungen versunken, die Lippen.

Der Jäger starrte mich an und scharrte mit den Füßen, zum Zeichen, daß er sprechen wolle.

«Ja, was ist?»

«Massa wollen gehen auf Platz der Fon tun sprechen?»

«Ja, wir gehen-gehen morgen früh.»

«Ja, Sah. Dies Fleisch fangen, Massa brauchen viel Leute. Dies Fleisch viel sehr rennen, Sah.»

«Gut, du sagen meinen Boys, sie gehen in Busch morgen.»

«Ja, Sah.»

Er blieb stehen und scharrte wieder mit den Füßen.

«Was denn?»

«Massa mich brauchen noch?»

«Nein, mein Freund, du gehen zurück zu Küche und trinken den Wein.»

«Danke, Sah», sagte er grinsend und verschwand im Dunkel der Veranda.

Gleich danach brach der Fon auf, und ich begleitete ihn bis zur Straße. Als wir am Rande des Hofes anhielten, wandte er sich um und lächelte von seiner großen Höhe auf mich herab.

«Ich sein alter Mann», sagte er. «Ich viel schnell müde. Wenn ich nicht sein alter Mann, ich mit dir kommen morgen in Busch.»

«Du lügen, mein Freund. Du nicht alter Mann. Du haben Kraft viel. Du haben viel Kraft, mehr Kraft als dieser kleine Jägersmann.»

Er kicherte und seufzte dann.

«Nein, mein Freund, du nicht sprechen wahr. Mein Zeit sein vorbei, ich viel sehr müde werden. Ich haben viel Frauen, und die machen müde, Ich haben Palaver mit der Mann und mit der Mann, davon ich viel sehr müde werden. Bafut sein großer Platz, viel Menschen. Wenn du haben viel Menschen, du haben viel Palaver.»

«Nun ja, ich wissen, du haben viel Arbeit.»

«Wahr», sagte er, und während seine Augen verschmitzt glitzerten, fügte er hinzu: «Manchmal ich bekommen Palaver mit dem D. O., und das mich machen müde am meisten.»

Er schüttelte mir die Hand, und ich hörte ihn noch kichern, als er über den Hof ging.

Am nächsten Morgen starteten wir zu unserer Klippschlieferjagd: die vier Bafut-Spürhunde und fünf Leute Hauspersonal. Die ersten drei bis vier Kilometer führten durch bebaute Gegenden und kleine Farmen. An den sanft abfallenden Hügeln waren Felder umgegraben, und die reiche rote Erde glänzte im frühen Morgensonnenschein. Auf einigen der Äcker war die Feldfrucht schon gepflanzt und auf manchen sogar schon reif: zum Beispiel die fedrigen Büsche der Kassawapflanze, oder die Reihen von Mais, bei dem jedes goldgelbe Haupt mit einer blonden Quaste seidener Fäden geschmückt war, die im Winde flatterten. Auf anderen Feldern arbeiteten Frauen, entblößt bis zur Hüfte, und schwangen breite Hacken mit kurzen Griffen. Einige hatten winzige Babies auf den Rücken gebunden und schienen diese Last genausowenig zu beachten wie ein Verwachsener seinen Buckel. Die Mehrzahl der älteren Frauen rauchte lange, schwarze Pfeifen, und der dichte graue Rauch wirbelte ihnen ins Gesicht, während sie sich zur Erde beugten. Die schwere Hackarbeit wurde hauptsächlich von den jüngeren verrichtet, und ihre geschmeidigen, glänzenden Körper bewegten sich rhythmisch im Sonnenschein, wenn sie ihre schweren, plumpen Werkzeuge hoch über die Köpfe hoben und dann im Schwung niedersausen ließen. Jedesmal, wenn sich die Schneide in die rote Erde grub, stießen sie ein lautes Grunzen aus.

Als wir zwischen ihnen durch die Felder gingen, unterhielten sie sich mit uns mit schriller Stimme, machten Späße und lachten schallend, ohne je in ihrer Arbeit innezuhalten oder deren Rhythmus zu unterbrechen. Das Grunzen, das sich zwischen ihre Ausrufe flocht, verlieh der Unterhaltung eine komische Note.

«Morgen, Massa... uff... welche Seite ihr gehen?... uff!»

«Massa gehen-gehen in Busch... uff... nicht sein so, Massa?... uff!»

«Massa gehen viel Fleisch fangen... uff... Massa werden stark... uff!»

«Gehen schnell, Massa... uff!... fangen viel-viel Fleisch... uff!»

Noch lange, nachdem wir die Felder hinter uns gelassen hatten und die goldenen Hänge der niedersten Hügel hinaufkletterten, konnten wir ihr Schwatzen und Lachen und das regelmäßige Stampfen der Hacken hören.

Als wir den Gipfel der höchsten Hügelkette erreicht hatten, die Bafut umgab, wiesen die Jäger auf unser Ziel: eine Bergkette, die in purpurnem Dunst unendlich weit entfernt zu liegen schien. Die Mitglieder des Hauspersonals stöhnten vor Bestürzung und Erstaunen über meine Zumutung, sie so weit marschieren zu lassen, und Jakob der Koch meinte, daß er dazu kaum imstande sein werde, da er sich unglückseligerweise einen Dorn eingetreten habe. Eine Untersuchung ergab, daß er keinen Dorn im Fuß, aber einen kleinen Stein im Schuh hatte. Die Entdeckung und Entfernung des Steines verstimmten ihn, und er trottete unter wütenden Selbstgesprächen hinter uns drein. Zu meiner Überraschung hatte mich die Entfernung getäuscht, und nach drei Stunden wanderten wir durch ein langes, gewundenes Tal, an dessen Ende die Berge wie eine Mauer aus glitzerndem Gold und Grün aufragten.

Indes wir uns mühsam durch das hüfthohe Gras die Hänge hinaufarbeiteten, erklärten mir die Jäger den Schlachtplan. Anscheinend mußten wir einen der glatten Pfeiler der Bergkette umgehen, und zwischen diesem und dem nächsten Vorsprung lag dann ein langes Tal, das mitten ins Herz der Berge führte. Die Seitenwände dieses Tales wurden von steilen Klippen gebildet, an deren Fuß die Felsen lagen, in denen die Klippschliefer lebten.

Wir kletterten um die große Bergnase herum, und da breitete sich das Tal vor uns aus, still und abgeschieden. Die riesigen Klippen auf beiden Seiten waren gebadet in strahlenden Sonnenschein, so daß sie zwei langen, zerknitterten Vorhängen ähnelten, die von Grau bis Rosa leuchteten und mit Flicken aus goldenen Sonnenflecken und sanften blauen Schatten besetzt waren. Am Fuße dieser Klippen häuften sich die Überbleibsel vieler vergangener Berg und Erdrutsche – ein Durcheinander von Felsblöcken aller Formen und Größen. Einige waren über den unebenen Boden des Tales verstreut, andere türmten sich zu hohen schwankenden Kaminen aufeinander. Über diese Felsen und um sie herum wuchs ein gekräuselter Teppich von niederem Unterholz, hohem Gras, verkrüppelten, aber stämmigen Bäumen, kleinen Orchideen und hohen Lilien und ein dichtes, erstickendes Gewirr von Winden mit gelben, cremefarbenen und rosa Blüten. Wir sahen eine Reihe von dunklen und geheimnisvollen Höhlenzugängen über die Oberfläche der Klippen verstreut. Einige waren nur schmale Spalte in den Felsen, andere hatten die Größe von Kirchentoren. In der Mitte des Tales floß ein lärmendes Flüßchen, das frohgemut zwischen den Felsen herumschwänzelte und, den Abhang hinuntereilend, ungeduldig in Wasserfällen von einer Stufe zur anderen hüpfte.

Am Taleingang machten wir Rast und rauchten; ich untersuchte mit dem Fernglas die Felsen nach einem Lebenszeichen. Aber das Tal schien verlassen und ausgestorben; die einzigen Laute waren das wichtigtuerische und etwas lächerliche Gewisper des winzigen Flüßchens und das verstohlene Zischeln von Wind und Gras. Hoch über uns tauchte ein kleiner Raubvogel am zartblauen Himmel auf, rüttelte einen Augenblick und entschwand dann hinter den zerklüfteten Klippen unseren Blicken. Jakob stand da und überblickte das Tal mit einem säuerlich-düsteren Ausdruck auf seinem breiten Gesicht.

«Nun, was sein, Jakob?» fragte ich unschuldsvoll. «Du sehen Fleisch?»

«Nein, Sah», sagte er und stierte auf seine Füße.

«Du nicht lieben diesen Platz?»

«Nein, Sah, ich ihn nicht lieben.»

«Warum?»

«Dies sein schlechter Platz, Sah.»

«Warum dies sein schlechter Platz?»

«Eh! Manchmal solchen Platz haben schlechten Zauber, Juju, Massa.»

Ich blickte auf die Bafut-Spürhunde, die im Grase lagen.

«Ihr haben Zauber an diesem Platz?» fragte ich sie.

«Nein, Sah, gar nicht», erklärten sie einmütig.

«Du sehen», sagte ich zu Jakob, «kein Zauber hier, drum du nicht Angst haben. Du hören?»

«Ja, Sah», sagte Jakob, bar jeder Überzeugung.

«Und wenn du dieses Fleisch für mich fangen, ich dir geben schönen Lohn», fuhr ich fort.

Jakob wurde sichtlich vergnügter. «Massa geben uns Lohn gleich wie Jäger?» fragte er voll Hoffnung.

«Nun ja.»

Er seufzte und kratzte gedankenverloren seinen Bauch.

«Du noch glauben, da sein Zauber an diesem Platz?»

«Eh!» sagte er achselzuckend, «manchmal ich Fehler machen.»

«Ach, Jakob! Wenn Massa dir geben wollen Lohn, du werden töten dein eigen Mammy», sagte kichernd einer der Bafut-Spürhunde, denn Jakobs Geldgier war in Bafut wohlbekannt.

«Wa?» fragte Jakob verärgert, «und du nicht lieben Geld, eh? Warum du gehen in Busch mit Massa, wenn du nicht lieben Geld?»

«Das sein mein Beruf», sagte der Jäger und fügte als Erklärung hinzu: «Ich sein Spürhund.»

Ehe Jakob eine entsprechende Erwiderung darauf fand, erhob einer der Jäger seine Hand.

«Massa hören!» rief er aufgeregt.

Wir verhielten uns alle still, und dann wehte aus dem Tal vor uns ein seltsamer Laut herüber. Er begann mit einer Folge von kurzen, tremolierenden Pfiffen und endete in einem langgezogenen Heulen, das unheimlich von den Felswänden des Tales widerhallte.

«Das sein N'iir, Massa», flüsterten die Spürhunde. «In Höhle von groß Felsen dort.»

Ich stellte meinen Feldstecher auf den Haufen von Felsblöcken ein, den sie mir zeigten, aber es dauerte einige Sekunden, ehe ich den Klippschliefer bemerkte. Er hockte auf einem Felsvorsprung und überblickte mit hochmütigem Ausdruck das Tal. Er war ungefähr von der Größe eines ausgewachsenen Kaninchens, doch hatte er kurze, dicke Beine und einen recht derben Löwenkopf. Seine Ohren waren klein und wohlgeformt, und er schien überhaupt keinen Schwanz zu haben. Während ich ihn beobachtete, drehte er sich auf dem schmalen Vorsprung um, rannte auf die Spitze des Felsens, hielt einen Augenblick an, um die Entfernung zu schätzen, sprang dann leichtfüßig auf den nächsten Haufen von Felsblöcken und verschwand in einem Gewirr von Winden, das offensichtlich irgendein Loch verbarg. Ich ließ mein Glas sinken und sah die Bafut-Spürhunde an.

«Nun», fragte ich, «wie wir werden dieses Fleisch fangen?»

Sie tauschten ihre Gedanken schnell in ihrer Sprache aus, und dann wandte sich der eine mir zu.

«Massa», sagte er, indem er eine Grimasse schnitt und sich am Kopf kratzte, «dies Fleisch viel sehr schlau. Wir nicht können fangen mit Netz. Es rennen an Mann vorbei.»

«Nun, mein Freund, wie wir werden es machen?»

«Wir finden Loch in Fels, Sah, und machen Feuer mit viel Rauch, wir tun Netz vor Loch, und dann, wenn Fleisch rennen, wir fangen.»

«Also», sagte ich, «gehen wir los.»

Wir stiegen talaufwärts, und Jakob führte uns mit grimmig entschlossenem Gesicht an. Wir kämpften uns durch das dichte Geflecht des niederen Unterholzes, bis wir den ersten Haufen zerklüfteter Felsen erreichten, und dort verstreuten wir uns wie Terrier, kletterten und krochen herum und schauten in jeden Spalt, ob er bewohnt sei. Es war seltsamerweise Jakob, den das Glück zuerst begünstigte. Er streckte sein verschwitztes und glühendes Gesicht aus dem Gewirr des Unterholzes heraus und rief aufgeregt:

«Massa, ich haben Loch gefunden. Großes Fleisch drinnen!»

Wir drängten uns um das Loch und horchten. Kein Zweifel: Im Innern der Höhle bewegte sich etwas; schwache scharrende Laute drangen zu uns. Schnell entfachten wir ein Feuer aus trockenem Gras am Eingang des Loches, und als es lichterloh brannte, deckten wir es mit grünen Blättern zu, so daß eine dichte und beißende Rauchsäule entstand. Wir hängten ein Netz über das Loch und fächelten den Rauch mit langen Blätterbüscheln in die Tiefe des Felsens. Der Rauch wälzte sich den Gang hinauf in die Finsternis, und dann spielten sich die Ereignisse mit bestürzender Schnelligkeit ab: Zwei Klippschlieferkinder von Meerschweinchengröße schossen in das Netz mit solcher Gewalt hinein, daß sie es herunterrissen, sich hineinverwickelten und damit in die Büsche rollten. Ihnen auf den Fersen folgte in fürchterlicher Wut die Mutter, eine korpulente Bestie. Sie raste aus dem Loch heraus und sprang den Nächststehenden an – es war ein Spürhund. Ihr Tempo war derart, daß er keine Zeit fand auszuweichen. Sie schlug ihm die Zähne in den Knöchel und biß sich fest wie eine Bulldogge, indes sie laut und entsetzenerregend «Wiiiiiiii» schrie. Der Spürhund fiel rücklings in einen Teppich von Winden, schlug wild mit den Beinen um sich und stieß laute Schmerzensschreie aus.

Die anderen Spürhunde befreiten unterdessen die Klippschlieferkinder aus dem Netz und schienen dies für eine Ganztagsbeschäftigung zu halten. Das Hauspersonal war beim Auftauchen der wütenden Mutter geflohen, und so blieb es Jakob und mir überlassen, dem Spürhund, der sich im Unterholz herumschlug und mit höchstem Stimmaufwand brüllte, zu Hilfe zu eilen. Ehe ich etwas Vernünftiges tun konnte, handelte Jakob auf eigene Faust. Einmal wenigstens arbeitete sein Gehirn so rasch, wie die Ereignisse abrollten. Ich fürchte, seine Tat war nicht sosehr der Ausfluß reinen Mitgefühls mit den Leiden seines schwarzen Bruders als vielmehr die Erwägung, daß schnellstens etwas geschehen müsse, sollte der Klippschliefer nicht Reißaus nehmen und er um sein Geld kommen. Er sprang mit einer Eile an mir vorbei, die für einen sonst so verschlafenen Burschen höchst ungewöhnlich war, und hielt einen der großen Segeltuchsäcke in der Hand. Ehe ich ihn noch daran hindern konnte, hatte er das Bein des unglücklichen Spürhundes gepackt und mitsamt dem Klippschliefer in den Sack gestopft. Dann zog er die Öffnung mit einem befriedigten Lächeln fest zu und wandte sich nach mir um.

«Massa!» rief er und überschrie das Gebrüll seines empörten Landsmannes, «ich haben fangen!»

Sein Triumph währte indessen nicht lange, denn der Spürhund war am Ende seiner Nerven. Er erhob sich aus dem Unterholz und schlug Jakob heftig auf den wolligen Hinterkopf. Jakob stieß einen Schreckensschrei aus und rollte rücklings den Abhang hinunter, während der

Und du nicht lieben Geld, eh? . . .

... eine Frage, die im afrikanischen Busch, scheint's, genauso angebracht ist wie in einem amerikanischen Aircondition-Büro oder in einer japanischen Montagehalle oder in einem europäischen Urlaubsort. Die Form mag anders sein, die Frage ist überall die gleiche, nur fragt man unter Zivilisierten nicht so direkt, sondern verschlüsselt: Sind Sie an dem Auftrag interessiert? oder: Gnä' Frau schätzen Diamanten? oder: Jeder muß sich doch nach der Decke strecken, stimmt's? oder: Wirtschaftliche Expansion, mein Lieber, ist die Grundlage des Fortschritts! – oder wie auch immer, der Sinn ist stets der gleiche.

Schopenhauer hat dafür Trost und Entschuldigung gefunden: «Daß die Wünsche der Menschen hauptsächlich auf Geld gerichtet sind und sie dieses über alles lieben, wird ihnen oft zum Vorwurf gemacht. Jedoch ist es natürlich, wohl gar unvermeidlich, das zu lieben, was, als ein unermüdlicher Proteus, jeden Augenblick bereit ist, sich in den jedesmaligen Gegenstand unsrer so wandelbaren Wünsche und mannigfaltigen Bedürfnisse zu verwandeln.»

Spürhund aufstand und verzweifelte Versuche machte, seinen Fuß aus dem Sack mit dem Klippschliefer zu befreien. Ich muß leider gestehen, daß mir nichts Vernünftigeres einfiel, als mich auf den Felsen zu setzen und zu lachen, daß mir die Tränen herunterliefen. Jakob richtete sich auf und äußerte laute Drohungen, als er sah, wie sich der Spürhund bemühte, den Sack abzustreifen.

«Arrrr!» schrie er, indem er den Hang hinaufrannte, «blöder Mann! Fleisch werden fortrennen.»

Er umschlang den Spürhund mit den Armen, und sie fielen zusammen ins Unterholz. Mittlerweile hatten die anderen Spürhunde die Jungen eingesackt und konnten ihrem Gefährten zu Hilfe eilen. Sie zerrten Jakob fort und befreiten das Bein ihres Kameraden aus dem Sack. Glücklicherweise hatte die Klippschlieferin von dem Fuß abgelassen, als Jakob sie in den Sack stopfte, und war offenbar zu verängstigt, um den Jäger ein zweites Mal zu beißen. Dennoch muß es ein peinliches Erlebnis gewesen sein.

Noch immer von Lachen geschüttelt, das ich nach Möglichkeit zu unterdrücken suchte, beruhigte ich den verwundeten Spürhund und hielt Jakob eine tüchtige Strafpredigt, indem ich ihm verkündete, daß er nur den halben Preis für den Fang bekommen werde. Die andere Hälfte müsse der Jäger erhalten, dessen Fuß er so bereitwillig opfern wollte. Diese Entscheidung wurde von allen mit befriedigtem Nicken und Grunzen aufgenommen – merkwürdigerweise auch von Jakob selbst. Die meisten Afrikaner haben meiner Erfahrung nach einen erstaunlich gut entwickelten Gerechtigkeitssinn und werden einem fairen Schiedsspruch stets von Herzen zustimmen, auch wenn er sich gegen sie selbst richtet.

Als die Ordnung wiederhergestellt und dem Verwundeten Erste Hilfe geleistet worden war, gingen wir weiter talaufwärts. Nachdem wir etliche Höhlen und Löcher vergeblich ausgeräuchert hatten, trieben wir schließlich ein großes Klippschliefermännchen in die Enge und fingen es, wobei es auf keiner der beiden kämpfenden Seiten zu Blutverlusten kam. Ich hatte also vier dieser Tiere gefangen, und da mir das genügte, fand ich, daß wir gut und gern nach Hause gehen könnten. Wir verließen also das Tal. Unser Weg führte uns am Gebirge entlang und die sanften Hänge mit wogendem Gras hinab nach Bafut. Nachdem wir einigermaßen ebenes Land erreicht hatten, hielten wir an, um uns auszuruhen und zu rauchen. Als wir uns im warmen Gras niederließen, schaute ich, durch ein leichtes Donnergrollen aufgeschreckt, nach den Bergen zurück. Von uns unbemerkt, war eine dunkle, schwere Wolke in der Form einer großen Perserkatze am Himmel aufgezogen und hatte sich auf den Berggipfeln gelagert. Ihr Schatten hatte deren Grün und Gold in ein tiefes, mißfarbenes Purpurviolett verwandelt, mit harten schwarzen Streifen dort, wo die Täler lagen. Die Wolke schien sich zu bewegen; sie wand sich und rollte sich zusammen, als wolle sie sich auf den Gipfeln ein Lager richten wie eine Katze auf einem Riesensessel. Hin und wieder entstand ein Riß in dieser nebelhaften Form, dann drang ein Sonnenstrahl hindurch und ließ einen Teil des Berges darunter in reinem Gold aufleuchten, während das Gras in jadegrünen Flecken auf den Purpurflanken des Gebirges lag. Erstaunlich schnell wurde die Wolke dunkler und schien anzuschwellen, als mache sie sich zum Sprung bereit. Dann fingen die Blitze an, wie gezackte silberne Eiszapfen niederzuzucken, und die Berge erbebten von dem Getöse des nachfolgenden Donners.

«Massa, wir schnell gehen», sagte einer der Spürhunde, «sonst Sturm uns erwischen.»

So schnell wie möglich setzten wir unseren Weg fort, aber nicht rasch genug, denn die Wolke quoll über die Bergspitzen und verbreitete sich hinter unserem Rücken im Tempo eines Zeitlupensprunges über den Himmel. Ein kalter und lebhafter Wind eilte ihr voraus, und ihm auf den Fersen folgte, wie ein dichter silberner Vorhang, der Regen, der uns in wenigen Sekunden bis auf die Haut durchnäßte. Die rote Erde wurde dunkel und schlüpfrig, und das Zischen des Regens machte ein Gespräch fast unmöglich. Noch ehe wir den Rand von Bafut erreicht hatten, klapperten wir mit den Zähnen vor Kälte, und unsere durchnäßte Kleidung klebte uns eiskalt am Körper. Als wir das letzte Stück Straße vor uns hatten, sprühte der Regen nur noch fein hernieder und hörte dann ganz auf, während von der durchtränkten Erde ein weißer Nebel aufstieg und gleich einer ungeheuren zurückflutenden Woge an unseren Beinen emporwallte.

VIERTES KAPITEL

Der König und der Conga

Der große Tag der Zeremonie des Grassammelns kam endlich heran. Vor Morgendämmerung als die Sterne gerade erst verblaßten und ehe noch der erste temperamentvolle junge Hahn seine Stimme erprobte, erwachte ich von dem sanften Schlagen kleiner Trommeln, dem Lachen und Geplapper schriller Stimmen und dem leisen Schlurfen nackter Füße auf der staubigen Straße vor dem Haus. Ich lag und lauschte diesen Geräuschen, bis der Himmel im Fenster sich mit dem Grün des anbrechenden Tages färbte, dann ging ich auf die Veranda hinaus, um zu sehen, was los war.

Die Berge, die sich um Bafut schmiegten, lagen lila und grau im fahlen Morgenlicht, gestreift und gemustert von tiefem Purpur und Schwarz in den Tälern, wo noch die Nacht nistete. Der Himmel war prächtig: schwarz im Westen, wo die letzten Sterne glitzerten, jadegrün über mir, und nach dem Ostrand der Hügel zu verschwimmend im blassesten Blau des Eisvogels. Ich lehnte mich über die Brüstung der Veranda, dic ein dichtes Geflecht von Bougainvilleen wie ein achtlos übergeworfener Mantel aus ziegelroten Blumen bedeckte, und blickte die lange Reihe von Stufen hinab auf dic Straße und hinüber zu dem Hof des Fon. Aus beiden Richtungen kam ein ununterbrochener Strom von Menschen, die lachten, redeten oder kleine Trommeln schlugen, wenn ihnen der Sinn danach stand. Auf den Schultern trugen sie lange Holzstangen, an die mit Lianen große kegelförmige Bündel trockenen Grases gebunden waren. Daneben trabten Kinder und trugen kleinere Bündel an dünnen Stecken. Sie gingen an dem bogenförmigen Eingang zum Hof des Fon vorbei und legten ihr Gras in Haufen unter den Bäumen am Straßenrand nieder. Dann schritten sie durch den Torbogen in den Hof hinein und standen dort in plaudernden Gruppen umher. Gelegentlich stimmte eine Flöte oder Trommel eine kurze Melodie an, und dann begann einer aus dem Haufen, begleitet von dem Händeklatschen und den Beifallsrufen der Zuschauer, schlurfend zu tanzen. Es war eine glückliche, aufgeregte und lebhafte Menge.

Als ich mein Frühstück beendet hatte, türmten sich die Grashaufen am Straßenrand gen Himmel und drohten das Gleichgewicht zu verlieren, wenn ein neues Bündel dazukam. Der Hof war nun schwarz von Menschen, und sie fluteten durch den Torbogen hinaus auf die Straße. Die Luft war erfüllt von dem Lärm, weil die Zuerstersdhienenen die Nachzügler begrüßten und sie wegen ihrer Faulheit neckten. Kinder jagten einander zwischen den Haufen, kreischend vor Lachen, und Horden magerer Hunde sprangen vergnügt hinter ihnen her und kläfften voll Begeisterung. Ich schritt die fünfundsiebzig Stufen hinunter auf die Straße, um mich unter die Leute zu mischen, und war erfreut und geschmeichelt, daß sie meine Anwesenheit nicht unangenehm zu empfinden schienen, sondern mich sofort mit einem Willkommenslächeln begrüßten, das jäh in breites Grinsen des Entzückens überging, wenn ich sie auf Pidgin-Englisch ansprach. Ich suchte mir einen günstigen Platz an der Straße im Schatten eines großen Hibiskusstrauches, der scharlachrot von Blüten und erfüllt vom Summen der Insekten war. Bald sammelte sich um mich ein Kreis von Jugendlichen und Kindern, die mich lautlos und hingebungsvoll beobachteten, wie ich dasaß, rauchte und die fröhliche Menge betrachtete, die an uns vorbeizog. Plötzlich wurde ich von dem keuchenden Ben aufgestöbert, der mir vorwurfsvoll bedeutete, daß die Lunchzeit längst überschritten und der Leckerbissen, den der Koch mir zubereitet hatte, zweifellos verdorben sei. Widerwillig verließ ich den Kreis meiner Jünger (die alle aufstanden und mir höflich die Hand schüttelten) und folgte dem brummenden Ben.

Nach dem Essen stieg ich wieder zu meinem Aussichtsplatz beim Hibiskus hinab und setzte mein anthropologisches Studium der Bafutleute fort, die ständig an mir vorbeiströmten. Offenbar war ich am Morgen Zeuge der Ankunft des niederen oder arbeitenden Volkes gewesen. Die Männer trugen in der Regel einen farbenprächtigen Sarong, der eng um die Hüften geschlungen war, die Frauen ebenfalls, wenn auch einige der sehr alten nur einen schmutzigen Lederfetzen um die Lenden gebunden hatten. Ich nahm an, daß dies das alte Kostüm, der bunte Sarong dagegen das moderne sei. Die meisten alten Frauen rauchten Pfeifen – nicht die kurzen, dicken, die bei den Stämmen des Flachlandes üblich sind, sondern solche mit langen, schlanken Rohren wie altmodische Tonpfeifen, die schwarz vom Gebrauch waren. Am Nachmittag trafen die Ratspersonen, die Unterhäuptlinge und andere Männer von Gewicht und Bedeutung ein, bei denen man gar nicht auf den Gedanken kam, sie für gewöhnliche Sterbliche zu halten. Sie trugen alle lange, lockere Gewänder in herrlichen Farben, die beim Gehen rauschten und schimmerten, und auf ihren Köpfen saßen die kleinen Käppchen, die mir schon früher aufgefallen waren, alle mit einem verschlungenen und farbenreichen Muster bestickt. Einige von ihnen hielten in der Hand lange, schlanke, mit überraschend zarten Schnitzereien verzierte Stäbe aus dunkelbraunem Holz. Sie waren alle ältlich oder in mittleren Jahren und sich ihres hohen Amtes sichtlich bewußt. Jeder einzelne begrüßte mich höchst feierlich, indem er mir die Hand schüttelte und mich mehrere Male ernsthaft willkommen hieß. Es gab viele dieser Aristokraten, und sie gaben dem Fest eine farbenprächtige Note. Als ich zur Teestunde in mein Haus zurückkehrte, hielt ich oben auf der Treppe an und schaute auf den Hof hinunter: Der Menschenhaufen war so fest zusammengepreßt, daß man die rote Erde nicht sehen konnte, außer dort, wo einige vergnügte Tänzer einen kleinen Kreis für ihre Possen frei gemacht hatten. In der Menge wirkten die farbenprächtigen Gewänder der Standespersonen wie Blumen, die über die schwarze Erde eines Beetes verstreut sind.

Als ich gegen Abend inmitten des dichtesten Haufens steckte, bemüht, Aufnahmen zu machen, ehe das Licht zu schwach wurde, tauchte eine strahlende Gestalt neben mir auf. Das Gewand des Mannes glänzte in Magentarot, Gold und Grün, und in einer Hand hielt er eine lange Lederpeitsche. Er teilte mir mit, daß er als Bote des Fon komme und mich zur Graszeremonie geleiten werde, sobald ich dazu bereit sei. Ich legte schnell einen neuen Film ein und folgte ihm durch die Menge, wobei ich voll Bewunderung beobachtete, wie er sich auf einfache, aber wirkungsvolle Weise einen Weg durch das dichteste Gedränge bahnte, indem er den nackten Hintern, die sich ihm so vielfältig darboten, Peitschenhiebe versetzte. Zu meinem Erstaunen schien die Menge diese Behandlung nicht übelzunehmen, sondern schrie und kreischte in gespielter Angst, stolperte und drängte sich zusammen und gab uns, lächelnd vor Entzücken, den Weg frei. Der Bote führte mich über den großen Hof, durch einen Torbogen, einen schmalen Gang und dann durch einen zweiten Torbogen, der in einen Wabenbau von kleinen Höfen und Gängen mündete. Es war der reinste Irrgarten, aber der Bote kannte seinen Weg und wand sich durch Gänge, eilte über Höfe, kletterte kleine Treppen hinauf und hinunter, bis wir schließlich durch eine Arkade aus abbröckelnden Ziegeln in einen rechteckigen Hof gelangten, der ungefähr tausend Quadratmeter maß und von einer hohen roten Backsteinmauer umgeben war. An einem Ende dieses Hofes wuchs ein großer Mangobaum, um dessen glatten Stamm eine runde erhöhte Estrade errichtet war. Hier stand ein reichgeschnitzter Sessel, und auf diesem Sessel saß der Fon von Bafut.

Seine Gewänder leuchteten so wunderbar, daß ich ihn im ersten Augenblick gar nicht erkannte. Die Robe strahlte in schönem Himmelblau mit einer herrlichen Stickerei in Rot, Gelb und Weiß. Auf seinem Haupt saß ein spitzer roter Filzhut, der mit Haaren von Elefantenschwänzen reich garniert war. Aus der Ferne sah es aus, als ob er einen kegelförmigen Heuschober auf dem Kopf trüge. In einer Hand hielt er eine Fliegenklatsche. Der Griff war aus feingeschnitztem Holz, und der dichte seidige Haarwedel bestand aus dem langen schwarz-weißen Schwanz eines Colobus-Affen. Der starke, höchst imposante Eindruck wurde etwas durch die Füße des Fon beeinträchtigt: Sie ruhten auf einem riesenhaften Elefantenzahn, der vom Alter gelb und schwarz gefleckt war, und steckten in einem Paar sehr spitzer, scheckiger Schuhe, aus denen jadegrüne Socken hervorschauten.

Nachdem er mir die Hand geschüttelt und sich ernsthaft nach meinem

Befinden erkundigt hatte, wurde mir ein Sessel gebracht, und ich ließ mich neben dem Fon nieder. Im Hof drängten sich die verschiedensten Ratgeber und Unterhäuptlinge mit ihren halbnackten Weibern, die alle längs der Mauer hockten und aus geschnitzten Rinderhörnern tranken. Die vielfarbigen Gewänder der Männer wirkten wie ein wunderbarer Wandteppich an der roten Steinmauer. Links vom Thron des Fon türmte sich ein Haufen von schwarzen Kalebassen, deren Hälse mit Büscheln grüner Blätter verstopft waren und die Mimbo, also Palmwein, enthielten, das gebräuchlichste Getränk in Kamerun. Eine der Frauen des Fon brachte mir ein Glas, hob eine Kalebasse hoch, entfernte den Blätterstöpsel und ließ einen Tropfen Mimbo auf die ausgestreckte Hand des Fon fallen. Er rollte die Flüssigkeit nachdenklich im Munde herum, spuckte sie dann aus und schüttelte den Kopf. Eine andere Flasche und dann noch zwei weitere wurden mit demselben Ergebnis angezapft. Schließlich wurde eine Kalebasse entdeckt, die den Mimbo enthielt, den der Fon unser würdig erachtete, und die Frau füllte mein Glas. Mimbo sieht wie stark gewässerte Milch aus. Er schmeckt milde und etwas säuerlich wie Limonade, was zu Trugschlüssen verleitet. Ein wirklich guter Mimbo scheint harmlos und verführt einen dazu, mehr und mehr zu trinken, bis man plötzlich entdeckt, daß er gar nicht so ungefährlich ist, wie man dachte. Ich kostete aus meinem Glase, schnalzte mit den Lippen und beglückwünschte den Fon zu diesem Jahrgang. Ich bemerkte, daß alle Ratgeber und Unterhäuptlinge aus Rinderhörnern tranken, während der Fon seinen Mimbo aus einem prachtvoll geschnitzten und polierten Büffelhorn schlürfte. Wir blieben sitzen, bis es fast dunkel war, unterhielten uns und leerten allmählich die Mimbo-Kalebassen.

Schließlich entschied der Fon, daß der große Augenblick der Massenabfütterung gekommen sei. Wir erhoben uns und schritten durch den Hof zwischen den Doppelreihen sich verneigender Untertanen hindurch, die rhythmisch Beifall klatschten, während die Weiber, den Mund mit den Händen bedeckend, auf ihre Lippen schlugen und heulten. Sie vollführten einen Lärm, den ich in meiner Unkenntnis für das Vorrecht der Indianer gehalten hatte. Wir schritten durch Türen, Gänge und kleine Höfe, während die Menge uns nachströmte, weiter klatschend und heulend. Als wir durch den Torbogen in den Haupthof traten, erhob sich aus der Masse ein ohrenbetäubendes Beifallsgeschrei, begleitet von Klatschen und Trommeln. Durch diesen tosenden Empfang schritten der Fon und ich an der Mauer entlang zu der Stelle, an der der Thron des Fon auf einem Leopardenfell errichtet war. Wir nahmen unsere Plätze ein, der Fon winkte mit der Hand, und das Fest begann.

Durch den Torbogen wand sich ein schier endloser Strom junger Leute, nackt bis auf kleine Lendenschurze, die auf ihren glänzenden, muskulösen Schultern die verschiedenen Gerichte für das Volk trugen. Da waren

Kalebassen voll Palmwein und Maisbier, große Büschel grüner und goldgelber Bananen; da gab es Fleisch von Riesenohrratten, Mungos, Fledermäusen, Antilopen und Affen sowie dicke Stücke eines Python, alles sorgfältig geräuchert und auf Bambusstöcke gespießt; ferner getrocknete Fische, getrocknete und frische Krabben, roten und grünen Pfeffer, Mangos, Orangen, Papayas, Ananas, Kokosnüsse, Kassawas und süße Kartoffeln. Während diese gewaltigen Nahrungsmengen verteilt wurden, begrüßte der Fon alle Anführer, Ratgeber und Häuptlinge. Ein Mann nach dem anderen trat vor, verbeugte sich bis zur Erde und klatschte dreimal in die Hände. Der Fon neigte kurz und hoheitsvoll sein Haupt, und der Mann zog sich rückwärts schreitend zurück. Wenn irgend jemand den Fon anreden wollte, mußte er dabei die gewölbten Hände vor den Mund halten.

Mittlerweile hatte ich eine ziemliche Menge Mimbo zu mir genommen und fühlte mich außerordentlich wohlwollend gestimmt; auf den Fon schien der Palmwein dieselbe Wirkung ausgeübt zu haben.

Plötzlich brüllte er einen Befehl, und zu meinem Entsetzen wurde ein Tisch herangetragen, auf dem zwei Gläser, eine Flasche Gin und ein französischer Schnaps standen, von dem ich noch nie gehört hatte und dessen Bekanntschaft ich auch nicht erneuern möchte. Der Fon reichte mir ein Glas, in das er ungefähr acht Zentimeter hoch Gin eingeschenkt hatte. Ich lächelte und versuchte den Eindruck zu erwecken, als ob purer Gin, in großen Quantitäten genossen, genau das wäre, was ich mir im Augenblick wünschte. Ich schnupperte vorsichtig daran und fand, daß er wie eine bessere Sorte Paraffinöl roch. Ich konnte es unmöglich mit einer großen Menge unverdünnten Gins aufnehmen und entschloß mich, um Wasser zu bitten. Der Fon stieß einen weiteren Befehl aus, und eine seiner Frauen kam angerannt und umklammerte eine Flasche Angostura-Bitter.

«Bieter?» fragte der Fon stolz und goß zwei Teelöffel davon in meinen Gin. «Du mögen Gin mit Bieter?»

«Ja», sagte ich mit bleichem Lächeln, «ich lieben Gin mit Bitter.»

Der erste Tropfen der Flüssigkeit brannte mir schier die Kehle aus. Es war der gemeinste Fusel, den ich je gekostet habe. Selbst der Fon, der sich nicht leicht von so etwas beeindrucken ließ, blinzelte ein wenig nach dem ersten Schluck. Er hustete heftig und wandte sich tränenden Auges mir zu:

«Sehr stark», meinte er anerkennend.

Sobald alle Speisen herbeigebracht und in Bergen vor uns aufgehäuft waren, gebot der Fon Ruhe und hielt vor den versammelten Bafutern eine kurze Ansprache, in der er ihnen mitteilte, wer ich sei, warum ich mich hier aufhalte und was ich wolle. Zum Schluß erklärte er ihnen, daß sie mir Haufen von Tieren beschaffen müßten. Das Volk lauschte der Rede in völliger Lautlosigkeit, und als sie zu Ende war, brach es im Chor in laute «Arhhhs» aus und klatschte in die Hände. Der Fon setzte sich nieder, sichtlich zufrieden mit sich, und nahm, von seiner Begeisterung fortgerissen, einen langen Zug von dem Gin. Die Folge waren fünf angstvolle Minuten für uns alle, da er vor Husten zu ersticken drohte und sich auf seinem Thron krümmte, während ihm die Tränen über das Gesicht liefen. Schließlich erholte er sich und starrte mit roten, bösen Augen auf den Gin in seinem Glas. Er nippte noch einmal ein wenig davon und ließ den Tropfen nachdenklich im Munde zergehen. Dann beugte er sich vertrauensvoll zu mir.

«Dieser Gin zuviel stark», meinte er mit heiserem Krächzen, «wir geben das starke Schnaps all den klein-kleinen Leuten, dann wir gehen zu mein Haus und trinken, eh?»

Ich gab zu, daß die Idee, den Gin an die Unterhäuptlinge und Ratgeber – die klein-kleinen Leute, wie der Fon sie nannte – zu verteilen, ausgezeichnet sei.

Der Fon schaute vorsichtig umher, um sicher zu sein, daß uns niemand belausche, und da wir zwischen mindestens fünftausend Menschen eingekeilt waren, hatte er das Gefühl, daß er mir ruhig ein Geheimnis anvertrauen könne. Er beugte sich vor und senkte noch einmal flüsternd seine Stimme.

«Bald wir gehen zu mein Haus», sagte er vergnügt. «Wir dort trinken White Horshe.»

Er lehnte sich zurück, um die Wirkung seiner Worte auf mich zu beobachten. Ich rollte die Augen und versuchte beim Gedanken an diesen Genuß toll vor Begeisterung zu erscheinen, während ich mir heimlich überlegte, welche Folgen Whisky nach Mimbo und Gin haben werde. Der Fon aber schien befriedigt und rief sofort die klein-kleinen Männer herbei, einen nach dem anderen, und goß ihnen den Rest des Gins in ihre Rinderhörner, die noch halb mit Mimbo gefüllt waren. Nie vorher habe ich so bereitwillig auf ein Getränk verzichtet. Ich staunte über die eisernen Mägen, die gleichmütig und sogar mit Genuß diesen Cocktail aus Mimbo und Gin vertragen konnten. Mir wurde bei dem bloßen Gedanken daran übel.

Nachdem er großzügig diese fragwürdige Gabe unter sein Gefolge verteilt hatte, erhob sich der Fon inmitten von Händeklatschen, Trommelschlägen und Indianergeheul und führte mich durch das verworrene Netz von Gängen und Höfen bis zu seiner kleinen Villa, die so verborgen zwischen den vielen Strohhütten seiner Frauen lag wie eine Zündholzschachtel in einem Bienenhaus. Wir traten ein, und ich stand in einem weiten, niederen Raum, der mit Schaukelstühlen und einem großen Tisch möbliert war, während schöne Leopardenfelle und sehr farbenfrohe handgearbeitete Strohmatten den Holzboden bedeckten. Der Fon ließ sich nach erfüllter Pflicht gegen sein Volk in einen Strecksessel fallen, und der White Horse wurde herbeigeschafft. Mein Wirt schnalzte mit den Lippen, als die jungfräuliche Flasche entkorkt wurde, und gab mir zu verstehen, daß wir nun, da den langweiligen Regierungspflichten Genüge getan sei, ernstlich mit dem Trinken beginnen könnten. Die nächsten zwei Stunden tranken wir gleichmäßig fort und besprachen langatmig und mit den kompliziertesten Einzelheiten so faszinierende Themen wie: die besten Gewehrtypen für die Elefantenjagd, woraus White Horse gemacht sei, warum ich nicht an den Dinners im Buckingham Palace teilnehme, das russische Problem und so weiter. Danach hatten weder die Fragen des Fon noch meine Antworten mehr den geschliffenen und überaus feinen Satzbau, den wir liebten, und so rief der Fon nach seiner Kapelle, da er der irrigen Ansicht war, daß die zerstörenden Einflüsse des Alkohols durch die Süße der Musik wieder behoben werden könnten. Die Kapelle kam in den Hof und spielte und tanzte eine Weile, während der Fon darauf bestand, daß die Ankunft der Musikanten mit einer neuen Flasche White Horse gefeiert werde. Dann bildete die Kapelle einen Halbkreis, und eine Frau vollführte einen schwankenden, schlurfenden Tanz und sang dazu mit schriller, trauriger Stimme. Ich konnte die Worte nicht verstehen, aber das Lied war merkwürdig schwermütig; der Fon und ich waren davon tief beeindruckt. Schließlich erklärte der Fon den Musikern nachdrücklich, wobei er sich die Augen wischte, daß sie lieber etwas anderes spielen sollten. Nach längerer Beratung stimmten sie eine Melodie an, die den vollendetsten Conga-Rhythmus besaß, den man sich vorstellen konnte. Sie war so hell und lustig, daß sie schnell unsere Geister belebte, und bald klopfte ich den Takt mit den Füßen, während der Fon die Kapelle mit einem Glas White Horse in der Hand dirigierte. Befeuert von der Gastlichkeit des Fon und mitgerissen von der Melodie, kam mir ein Gedanke:

«Neulich abend du mir zeigen Eingeborenentanz, sein nicht so?» fragte ich den Fon.

«Eh ja», stimmte er zu und unterdrückte einen Rülpser.

«Gut! Du wollen, ich dir zeigen europäischen Tanz?»

«Ah, mein Freund», sagte der Fon strahlend und umarmte mich, «ja, ja foin, du mich lehren. Komm, wir gehen in Tanzhaus.»

Wir erhoben uns schwankend und machten uns auf zur Tanzhalle. Als wir jedoch diese erreicht hatten, merkte ich, daß der anstrengende Marsch von fünfzig Metern meinen Gefährten so mitgenommen hatte, daß er keuchend auf seinen reichverzierten Thron niedersank.

«Du lehren erst all diese klein-kleine Leute», sagte er, indem er wild auf den Haufen von Häuptlingen und Ratgebern deutete, «dann ich werden tanzen.»

Ich betrachtete die scharrende und verlegene Menge der Ratsmitglieder, die ich anlernen sollte, und kam zu dem Schluß, daß der kompliziertere Teil des Conga, den ich ihnen beibringen wollte, weit über ihren Horizont gehen würde. Es kam mir sogar vor, als ob er auch über meinen derzeitigen Horizont ginge. So beschloß ich, ihnen nur den letzten Teil des Tanzes zu zeigen, den Teil, wo alle eine Kette bilden und durch den ganzen Raum ziehen. Es war mäuschenstill in der Tanzhalle, als ich die zweiundzwanzig Ratsherren bat, mir auf den Tanzboden zu folgen. In dieser Stille konnte man ihre Gewänder rauschen hören. Ich forderte sie auf, sich an mich anzuhängen, wobei sich jeder an der Taille seines Vordermannes festhalten solle; dann gab ich der Kapelle ein Zeichen, die nun mit größtem Schwung die Conga-Melodie anstimmte, und los ging es. Ich hatte die Schüler nachdrücklich angewiesen, allen meinen Bewegungen zu folgen, und das taten sie auch. Ich entdeckte jedoch, daß mein ganzes Conga-Repertoire durch die Auslese der Fonschen Kellereien hinweggespült worden war. Mir fiel bloß ein, daß man irgendwann den einen Fuß emporschnellte. Und so machten wir es auch zu den Klängen der wie rasend spielenden Kapelle: immer rund um die Tanzhalle – eins, zwei, drei, hopp! eins, zwei, drei, hopp! Meinen Schülern bereitete diese einfache Bewegung keine Schwierigkeiten, und so ging es in blendendem Stil mit rauschenden Gewändern dahin. Ich zählte den Takt und rief «Hopp!» im gegebenen Augenblick, um ihnen die Sache zu erleichtern. Sie hielten dies offenbar für einen Teil des Tanzes, eine Art religiösen Gesanges, der dazu gehörte, denn sie fingen an, wie ein Mann mitzuschreien. Die Wirkung auf unsere sehr beträchtliche Zuschauerschar war unwiderstehlich und mitreißend: Kreischend vor Entzücken eilten verschiedene andere Mitglieder des Fonschen Haushaltes – ungefähr vierzig Frauen und etliche seiner älteren Nachkommen – herbei und schlossen sich der Kette der tanzenden Ratsherren an. Jeder neue Tänzer hinten am Schwanz fing auch an mitzusingen.

«Ein, zwei, drei, hooop!» brüllten die Ratsherren. «Ein, zwei, drei, yarr!» schrien die Weiber. «Ei, wei, ei, yarr!» kreischten die Kinder. Der Fon war entschlossen, diesen Tanz nicht auszulassen. Er rappelte sich von seinem Thron auf, und auf jeder Seite gestützt von einem Mann, klammerte er sich hinten an. Seine Hopse fielen nicht ganz mit dem allgemeinen Bewegungsrhythmus zusammen, aber er amüsierte sich darum nicht weniger. Ich tanzte mit ihnen immer um die Tanzhalle herum, bis mir schwindlig wurde und der ganze Bau von dem Hopsen und Schreien zu erzittern schien. Ich hatte schließlich das Gefühl, daß etwas frische Luft am Platze sei, und so tanzte ich mit ihnen durch die Tür ins Freie. Wir schoben uns in einer riesig langen, sich windenden Schlange treppauf, treppab, in Höfe hinaus und hinein, durch fremde Hütten – kurz: überallhin, wo man durchkommen konnte. Die Kapelle, die nicht ausgeschaltet werden wollte, folgte unserem Tanz, sie rannte, in Schweiß gebadet, hinterdrein, aber sie kam nicht einen Augenblick aus dem Takt. Mehr durch Zufall als durch meinen Ortssinn gelangte ich mit meinen Anhängern schließlich in die Tanzhalle zurück, wo wir – ein keuchender und lachender Haufen – zusammenbrachen. Der Fon, der während unserer Tour zwei- bis dreimal hingefallen war, wurde strahlend und japsend zu seinem Sessel zurückgeleitet.

«Ho, foine Tanz das», verkündete er, «foin, foin!»

«Du mögen gern?» fragte ich, nach Luft schnappend.

«Ich mögen viel sehr», sagte der Fon nachdrücklich. «Du haben Menge Kraft. Ich nie gesehen Europäer so tanzen.»

Das wunderte mich nicht. Wenige Europäer in Westafrika benützen ihre Freizeit dazu, um einem Eingeborenenhäuptling und seinem Hofstaat den Conga beizubringen. Wären sie meine Zuschauer gewesen, so hätten sie mir zweifellos vorgeworfen, daß ich dem Ansehen des weißen Mannes in einer halben Stunde mehr geschadet habe als je einer vor mir in der Geschichte der Westküste. Beim Fon und seinem Gefolge schien indessen der Conga mein Prestige sehr gehoben zu haben. «Eins, zwei, drei, hopp!» brummelte der Fon erinnerungsselig vor sich hin, «nun das sein foine Lied.»

«Ja, ein sehr besonderes Lied», sagte ich.

«O ja», bestätigte der Fon und nickte, «ein foin.»

Er saß auf seinem Thron und grübelte, die Kapelle fing wieder an zu spielen, und die Tänzer kehrten auf den Tanzboden zurück. Ich kam allmählich wieder zu Atem und fing an, sehr stolz auf meine Leistung zu sein, als mein Gefährte aus seinem Brüten erwachte und einen Befehl erteilte. Ein junges Mädchen, ungefähr fünfzehn Jahre alt, trat aus der Reihe der Tänzer zur Estrade, auf der wir saßen. Sie war ein dralles Ding, glänzte von Öl und war mit einem winzigen Lendentuch bekleidet, das der Phantasie in bezug auf ihre Reize wenig Spielraum ließ. Sie schob sich schüchtern lächelnd an uns heran, und der Fon beugte sich vor und ergriff sie beim Handgelenk. Mit einem schnellen Ruck schleuderte er sie auf meinen Schoß, wo sie, von Lachen geschüttelt, sitzen blieb.

«Da! Hier für dich, diese Weib», sagte der Fon mit einer großartigen Geste seiner riesigen Hand. «Sie sein foin. Sein mein Tochter. Du sie heiraten.»

Zu sagen, daß ich erschrak, ist zuwenig. Nein, ich war vor Entsetzen wie gelähmt. Mein Wirt befand sich nun in jenem Zustand der Glückseligkeit, der der Streitsucht vorausgeht, und ich war mir bewußt, daß meine Ablehnung mit höchstem Takt vorgebracht werden müsse, sollte nicht der Erfolg des Abends in Frage gestellt werden. Ich blickte hilflos umher und bemerkte zum erstenmal, wie viele Männer Speere trugen. Mittlerweile hatte die Kapelle aufgehört zu spielen, und alle beobachteten mich erwartungsvoll. Mein Wirt betrachtete mich mit gläsernen Augen. Ich konnte nicht herausbekommen, ob er mir tatsächlich seine Tochter zum Weibe geben wollte oder ob dieser Vorschlag nur ein etwas weniger delikates Angebot verschleierte. Was es auch immer heißen mochte, ich mußte ablehnen. Ganz abgesehen von allem anderen, war das Mädel absolut nicht mein Typ. Ich feuchtete meine Lippen an, räusperte mich und machte meine Sache so gut es ging. Zuerst dankte ich dem Fon auf das liebenswürdigste für das freundliche Angebot in bezug auf seine gutgeölte Tochter, deren beträchtliches Gewicht derzeit meine Knie wunddrückte. Ich wisse jedoch, sagte ich, daß er über die albernen Sitten meiner Landsleute wohlunterrichtet sei und daher begreifen werde, daß es für einen Mann aus England unmöglich (wenn auch wünschenswert) sei, mehr als eine Frau zu besitzen. Der Fon nickte weise. Darum, fuhr ich fort, sei ich gezwungen, sein äußerst großherziges Anerbieten abzulehnen, denn ich habe schon eine Frau in England, und es wäre sowohl ungesetzlich als auch gefährlich, eine zweite Frau heimzubringen. Hätte ich nicht schon eine Gattin, fuhr ich geläufig fort, so wäre mir nichts lieber, als seine Gabe anzunehmen, das Mädchen zu heiraten und für den Rest meines Lebens in Bafut seßhaft zu werden.

Zu meiner grenzenlosen Erleichterung wurde meine Rede mit allgemeinem Beifall begrüßt, und der Fon vergoß einige Tränen, weil sein schöner Traum nicht verwirklicht werden konnte. Während des Getöses ließ ich mein dunkles Liebchen vom Schoße gleiten, gab ihm einen Klaps auf das Hinterteil und schickte das kichernde Geschöpf auf den Tanzboden zurück. Ich hatte das Gefühl, daß ich in dieser Nacht bereits genug für die diplomatischen Beziehungen geleistet hatte, und schlug vor, das Fest abzubrechen. Der Fon begleitete mich mit seinem Gefolge bis zum großen Hof, und hier packte er mich um die Mitte und bestand noch einmal auf einer Runde Durrell-Conga. Der Haufe hinter uns schloß sich an, und wir tanzten über den Platz, trampelnd und brüllend, scheuchten die Flughunde aus den Mangobäumen und reizten die Dorfköter im Umkreis von Kilometern zu wütendem Gebell. Am Fuß der Treppe nahmen der Fon und ich rührselig Abschied voneinander, und ich beobachtete, wie sie alle einen seltsamen Conga durch den Hof zurücktanzten. Dann kletterte ich die fünfundsiebzig Stufen hinauf und dachte sehnsüchtig an mein Bett. Oben erwartete mich ein verärgerter Ben mit einer Sturmlampe.

«Sah, einige Jäger sein kommen», sagte er.

«Was, um diese Zeit?» fragte ich erstaunt, denn es war drei Uhr vorbei.

«Ja, Sah. Du wollen, ich sie fortschicken?»

«Sie bringen Fleisch?» fragte ich hoffnungsvoll und sah im Geist irgendeine seltene Gattung vor mir.

«Nein, Sah. Sie wollen Palaver mit Massa.»

«Gut, du sie hereinlassen», sagte ich und sank auf einen Stuhl.

Gleich darauf ließ Ben fünf verlegene junge Jäger eintreten, die alle Speere trugen. Sie verneigten sich und sagten höflich guten Abend. Offenbar hatten sie heute nacht an dem Fest teilgenommen und die Rede des Fon gehört. Da sie ziemlich weit entfernt wohnten, dachten sie, es sei gescheiter, mit mir zu sprechen, ehe sie heimkehrten, um genau zu hören, was für Tiere ich haben wolle. Ich lobte ihren Eifer, verteilte Zigaretten und schleppte Bücher und Fotografien herbei. Wir studierten sie eine Zeitlang, und ich sagte ihnen, welche Tiere ich vor allem suche und wieviel ich zu zahlen bereit sei. Als sie gerade aufbrechen wollten, bemerkte einer der jungen Leute eine Zeichnung, die auf meinem Bett lag und die ich ihnen nicht gezeigt hatte.

«Massa das Sorte Fleisch wollen?» fragte er, darauf hinweisend.

Ich blickte auf die Zeichnung und dann auf den Jüngling. Er schien durchaus im Ernst zu sprechen.

«Ja», sagte ich mit Nachdruck, «ich wollen diese Art Fleisch viel sehr gern. Du kennen dieses Fleisch?»

«Ja, Sah, ich es kennen», sagte der Jäger.

Ich zeigte den Mannern das Bild.

«Ihr es gut anschauen», sagte ich.

Sie starrten alle auf das Stückchen Papier.

«Nun wirklich, ihr kennen das Fleisch?» fragte ich, bemüht, meine Erregung zu unterdrücken.

«Ja, Sah», sagten sie, «wir es kennen gut.»

Ich glotzte sie an, als seien sie Geschöpfe aus einer anderen Welt. Daß ihnen das Bild so bekannt erschien, kam für mich ganz unerwartet und überraschte mich sehr, denn die Zeichnung stellte ein Tier dar, nach dem ich schon lange fahndete: vielleicht eines der merkwürdigsten Amphibien der Welt, den Wissenschaftlern als *Trichobatrachus robustus*, dem Laien als Haarfrosch bekannt.

Hier muß eine Erklärung eingeschaltet werden: Bei einem früheren Besuch in Kamerun hatte ich mein Herz an den Fang dieser seltsamen Geschöpfe gehängt, doch ohne Erfolg. Ich jagte damals in den Wäldern der Tiefebene, und alle dortigen Jäger, denen ich das Bild zeigte, leugneten energisch, daß so ein Tier existiere. Meiner Hartnäckigkeit begegneten sie voll Nachsicht und sahen darin ein weiteres Beispiel für die seltsam verschrobenen Ansichten der Weißen; denn wußte nicht ein jeder, daß es keinen Frosch mit Haaren gebe? Säugetiere hatten Felle, Vögel hatten Federn, aber Frösche hatten Haut und sonst nichts. Da es offenkundig war, daß dieses Tier nicht existiere, gaben sie sich trotz der großen Belohnungen, die ich für einen derartigen Fang aussetzte, nicht die gringste Mühe, es zu finden. Wozu nach einem so sagenhaften Ungeheuer wie einem Frosch mit Haaren Ausschau halten? Ich hatte manche ermüdende Nacht in den Wäldern verbracht, war die Flüsse auf und ab gewatet auf der Suche nach der flüchtigen Amphibie – doch ohne Resultat. Schließlich glaubte ich schon selbst, daß die Jäger und nicht die Bücher recht hatten und daß es kein solches Tier in den Wäldern der Tiefebene gab. Ich war so verschüchtert durch den Hohn, den die bloße Erwähnung des behaarten Frosches unter den Tieflandstämmen hervorrief, daß ich es auf meiner zweiten Reise unterließ, das Bild vorzuzeigen. Ich nahm an, daß die Hochlandjäger derselben Ansicht sein würden wie ihre Vettern in den großen Wäldern. Daher meine Aufregung und mein Erstaunen, als der junge Jäger unaufgefordert das Fabelwesen erkannte und sich obendrein erkundigte, ob ich einen haben wolle.

Ich fragte die Jäger genau aus und zitterte dabei wie ein Schweißhund auf der Fährte. Ja, zum drittenmal, sie kannten das Tier! Ja, es hatte Haare. Ja, es war leicht zu fangen. Als ich fragte, wo man es finde, machten sie eine weitausladende Geste, die andeuten sollte, daß die Wälder voll davon seien. Mit glänzenden Augen fragte ich, ob sie eine bestimmte Stelle wüßten, wo die Frösche vorkämen. Ja, sie kannten ein «klein Wasser», ungefähr drei Kilometer entfernt, wo man bei Nacht für gewöhnlich einige sehen konnte. Das gab mir den Rest. Ich stürzte auf die Veranda und stieß ein Gebrüll aus. Das Gesinde stolperte mit verquollenen Augen, halbverschlafen aus der Hütte und versammelte sich auf der Veranda.

«Diese Jäger wissen, wo ich diesen Frosch finden», erklärte ich, «so wir ihn jetzt einmal fangen.»

«Jetzt, Sah?» fragte der entsetzte Ben.

«Ja, jetzt, jetzt, ihr alle Beutel und Taschenlampe holen! Schnell, schnell!»

«In Nachtzeit?» fragte Ben leise, denn er liebte seine Schlafstätte.

«Ja, jetzt. Ihr nicht herumstehen und gähnen. Ihr jetzt holen Taschenlampen und Beutel.»

Widerwillig, gähnend und mit verschwollenen Augen schlurfte die Dienerschaft davon. Jakob der Koch blieb einen Augenblick stehen, um mir zu erklären, daß er ein Koch und kein Jäger sei und daß er nicht einsehe, warum er um vier Uhr früh seinen Beruf wechseln solle.

«Mein Freund», sagte ich voll Festigkeit, «wenn du nicht in fünf Minuten Taschenlampe und Beutel holen, du morgen nicht mehr Jäger sein noch Koch. Du mich verstehen?»

Schleunigst folgte er den anderen, um seine Froschfangausrüstung zusammenzusuchen. Im Verlauf einer halben Stunde war meine verschlafene Bande versammelt, und wir zogen die taufeuchte Straße hinunter auf die Jagd nach dem Haarfrosch.

FÜNFTES KAPITEL

Jagd auf Haarfrösche

Im schwachen Schein der Sterne wanderten wir die staubige Landstraße entlang; das Gras war zu beiden Seiten schwer und glitzernd von Tau. Glücklicherweise schien der Mond nicht; denn bei nächtlichen Jagden mit Taschenlampen ist das Mondlicht nicht von Vorteil, sondern wirkt störend, weil es seltsame Schatten wirft, in denen die Beute verschwinden kann. Außerdem beeinträchtigt es die Leuchtkraft der Taschenlampen.

Die kleine Gruppe der Jäger marschierte voraus, hellwach und voller Eifer, während meine gut entlohnte Dienerschaft hinterdreinschlich, die Füße durch den Staub schleppte und herzhaft gähnte. Nur Jakob entschloß sich, da die Jagd nun einmal unvermeidlich war, gute Miene zum bösen Spiel zu machen, und schritt neben mir. Ab und zu warf er einen höhnischen Blick über die Schulter, wenn von hinten ein besonders nachhaltiges Gähnen zu hören war.

«Das Leute kein Kraft haben», sagte er verächtlich.

«Ich manchmal denken, sie vergessen, ich zahlen fünf Shilling für diesen Frosch, wir jetzt jagen», erklärte ich laut und deutlich. Meine Stimme hallte in der Stille der Nacht; sofort hörte das Gähnen und Schlurfen auf, und die Nachhut erwachte merkbar. – Fünf Shilling war eine schöne Summe für einen Frosch.

«Ich nicht vergessen», sagte Jakob und grinste mir listig zu.

«Daran ich nicht zweifeln», sagte ich streng, «du sein ein durch und durch hemmungsloser westafrikanischer Shylock.»

«Ja, Sah», gab Jakob ungerührt zu. Es war unmöglich, ihn kleinzukriegen. Wenn er einen nicht verstand, ging er auf Nummer Sicher und stimmte allem zu, was man sagte.

Wir wanderten ungefähr zwei Kilometer die Straße hinunter, dann bogen die Jäger in einen schmalen Pfad im hohen Gras ein, einen Pfad, der schlüpfrig von Tau war und in regellosen Kehren einen Hügel hinaufführte. Um uns herum in dem feuchten Gewirr des Grases riefen winzige Frösche und Grillen wie eine Million kleiner Metronome. Einmal stieg ein großer, blauer Nachtfalter in Spiralen vom Rande des Pfades auf, und als er emporflatterte, stieß schnell und lautlos wie ein Pfeil ein Ziegenmelker aus der Finsternis herab; man hörte das Klappen seines Schnabels, und der Falter war verschwunden. Der Vogel wandte sich und strich so lautlos zu den Hügeln hin, wie er gekommen war. Als wir den Gipfel erreichten, teilten mir die Jäger mit, daß der kleine Fluß, den sie erwähnt hatten, in dem Tal vor uns liege. Es war eine tiefe, schmale, finstere Schlucht, die zwischen zwei sanften Hügelbuckeln verlief, und die Windungen des Flusses waren durch einen dunklen Saum kleiner Bäume und Büsche gekennzeichnet. Als wir in die Finsternis des Tales hinabstiegen, drang das Geräusch des Wassers zu uns empor, das im Flußbett zwischen den Felsen gurgelte. Der Pfad bestand jetzt aus schlüpfrigem Lehm, in dem unsere Füße unangenehm saugende Laute hervorriefen, als wir bergab schlitterten und rutschten.

Auf seinem Weg talwärts glitt der Fluß über eine Reihe von breiten, seichten, mit Felsen bestreuten Stufen. Am Rande jeder Stufe war ein kleiner, ungefähr zweieinhalb Meter hoher Wasserfall, und hier stürzte sich der Fluß in glattem Strahl in einen kreisrunden Teich, der aus den Felsen herausgemeißelt war. In einem Nest von silbernen Schaumblasen wirbelte das Wasser umher, bis es durch ein Gewirr von Felsblöcken zum nächsten Fall weiterrann. Das hohe Gras fiel über den Uferrand wie eine Mähne ungekämmten goldenen Haares, und zwischen den spiegelnden Felsen wuchsen zarte Farnkräuter und winzige Pflanzen, eingebettet in dichtes Moos, das sich wie eine grüne Samtdecke überall ausbreitete. Am Ufer trippelten behutsam auf Zehenspitzen unzählige kleine rosa und schokoladebraune Krabben. Wenn das Licht unserer Taschenlampen sie traf, erhoben sie drohend ihre Scheren und zogen sich, rückwärts schreitend, mit unendlicher Vorsicht in ihre selbstgegrabenen Löcher im roten Lehm zurück. Dutzende kleiner weißer Falter erhoben sich aus dem hohen Grase, das wir durchschritten, und schwebten wie eine Wolke von Schneeflocken auf den Fluß hinaus. Wir hockten am Ufer nieder, um zu rauchen und unseren Feldzugsplan zu entwerfen. Die Jäger erklärten, daß man die Frösche am besten in den Teichen am Fuß der kleinen Wasserfälle fangen könne, daß man sie aber auch unter den flachen Felsen an den seichteren Stellen des Flusses finde. Ich entschied also, daß wir uns in einer Reihe über die Breite des Flusses verteilen sollten und hinaufwatend jeden lockeren Stein umdrehen und jeden Schlupfwinkel untersuchen müßten, der einen Haarfrosch beherbergen könnte. Dies taten wir auch, und eine Stunde lang bahnten wir uns unseren Weg zur Quelle des Flusses hinauf, planschten durch das seichte, eiskalte Wasser, glitten auf den nassen Felsen aus, leuchteten mit unseren Lampen in jedes Versteck und drehten jeden Stein mit ungeheurer Sorgfalt um.

Ungezählte Krabben trippelten und klapperten zwischen den Steinen umher, und kugelförmige, grasgrüne Frösche hopsten mit lautem Plumps ins Wasser und erschreckten uns. Wie wehende Vorhänge flatterten überall Unmassen winziger Falter; kleine Fledermäuse huschten in das Licht unserer Lampen und wieder zurück ins Dunkel, aber nirgends gab es Haarfrösche. Die meiste Zeit arbeiteten wir uns in völliger Stille vorwärts. Da waren die hundert verschiedenen Stimmen des Flusses, der sich in seinem Bett fortbewegte, das Zirpen der Grillen im hohen

Gras, der gelegentliche Ruf eines Vogels, den unsere Taschenlampen aufgeschreckt hatten, oder das saugende Gurgeln, dem ein Plumpsen folgte, wenn einer von uns einen Stein im tieferen Wasser umgedreht hatte. Als wir einmal über eine kleine Klippe kletterten, von der ein Wasserfall wie ein lebendiger Spitzenvorhang niederfiel, wurden wir durch einen lauten Schrei und ein Aufklatschen erschreckt. Wir drehten unsere Lampen nach der Richtung, aus der der Lärm kam, und entdeckten, daß Jakob, der als letzter die Klippe erklettern wollte, seinen Fuß auf eine Wasserschlange gesetzt hatte, die zusammengerollt in ihrer Höhle lag. Erschrocken hatte er versucht, in die Höhe zu springen, aber ohne viel Erfolg, denn nun klammerte er sich ungefähr zwei Meter vom Boden entfernt an die Klippe. Schließlich verlor er den Halt, fiel in den Teich am Fuße des Wasserfalles und tauchte unverletzt, aber triefend naß und mit klappernden Zähnen, wieder aus den eiskalten Fluten auf.

Der Himmel im Osten ging mit anbrechender Morgendämmerung langsam von Schwarz zu Grün über, und noch immer hatten wir nichts von unseren geheimnisvollen Amphibien gesehen. Die Jäger, die sehr enttäuscht von unserem Fehlschlag waren, erklärten, es sei zwecklos, die Suche bei Tageslicht fortzusetzen, weil die Tiere sich dann nicht mehr zeigten. Das hieß, daß wir noch ungefähr zwei Stunden Zeit hatten, um das Tier aufzuspüren und zu fangen, und obschon wir weiter stromaufwärts gingen, war ich überzeugt, daß es mit unserem Glück aus sei und wir keinen Erfolg mehr haben würden. Schließlich gelangten wir durchnäßt, frierend und entmutigt in ein breites, flaches Tal. Hier lagen große Felsblöcke umher, zwischen denen sich der Fluß wie eine Schlange hindurchwand. An manchen Stellen hatte er zwischen den Felsen tiefe, ruhige Teiche gebildet, und da der Grund flach war, bewegte sich das Wasser langsam und gleichmäßig in einem Bett von doppelter Breite. Die Felsblöcke lagen kunterbunt verstreut und in den merkwürdigsten Neigungswinkeln, so daß sie wie riesige archaische Grabsteine schwarz unter dem dämmrigen Sternenhimmel standen. Jeder von ihnen war mit Moos bedeckt und von wilden Begonien überwuchert.

Wir hatten ungefähr die Hälfte des Tales durchquert, als ich mich entschloß, auszuruhen und eine Zigarette zu rauchen. Ich kam zu einem kleinen Teich, der wie ein schwarzer Spiegel im Rahmen der Felsen lag, und nachdem ich mir einen großen Stein ausgesucht hatte, setzte ich mich nieder, knipste meine Taschenlampe aus und genoß meine Zigarette. Die Lichter der Taschenlampen meines Trupps blinkten und leuchteten zwischen den Felsen, da die Leute weiter talauf zogen, und das Planschen ihrer Füße verlor sich bald unter den vielen nächtlichen Geräuschen um mich her. Als ich meine Zigarette ausgeraucht hatte, warf ich den Stummel in die Luft, so daß er wie ein Glühwürmchen fortschwebte und in den Teich fiel, wo er zischend erlosch. Fast unmittelbar darauf hopste etwas mit lautem Plumps in den Teich, und tausend silberne Kreise bildeten sich auf dem schwarzen Wasser. Ich knipste schleunigst meine Lampe an und leuchtete auf die Wasserfläche hinaus, aber nichts war zu sehen. Dann ließ ich den Strahl über die bemoosten Felsen, die den Rand des Teiches bildeten, gleiten, und dort – kaum einen Meter von meinem Platz entfernt – hockte auf der äußersten Felskante ein großer, glänzender, schokoladebrauner Frosch. Seine fetten Schenkel und die Seiten seines Körpers waren mit einem wirren Pelz bedeckt, der wie Haare aussah.

Ich wagte kaum zu atmen, denn der Frosch saß am äußersten Rand des Felsvorsprungs. Er war wachsam und mißtrauisch, seine Beine schienen zum Sprung angespannt. Erschreckt, würde er in das dunkle Wasser hinabspringen, und es bestünde dann keine Hoffnung mehr, ihn zu fangen. Ich verhielt mich etwa fünf Minuten lang so unbeweglich wie die Felsen um mich herum, und der Haarfrosch, als er sich an das Licht gewöhnt hatte, entspannte sich allmählich. Einmal änderte er ein wenig seine Stellung, blinzelte mit seinen feuchten Augen, und mich ergriff eine panische Angst bei dem Gedanken, daß er springen könnte. Aber er setzte sich wieder nieder, und ich seufzte erleichtert auf. Während ich so dasaß, entwarf ich eifrig einen Plan: Zuerst mußte ich die Taschenlampe aus der rechten in die linke Hand nehmen, ohne ihn aufzustören, dann mußte ich mich vorbeugen, bis ich so nah an seinem fetten Körper war, daß ich es wagen durfte, nach ihm zu greifen. Der Wechsel der Lampe von einer Hand in die andere verursachte mir tausend Ängste, denn der Frosch beobachtete das Manöver mit aufmerksamen und argwöhnischen Augen. Als ich die Lampe endlich in der Linken hielt, blieb ich ganz still sitzen, damit er sich wieder beruhigte, dann bewegte ich mit ungeheurer Vorsicht die gekrümmte Rechte in seiner Richtung. Zentimeter um Zentimeter schob ich meine Hand vor, bis sie direkt über ihm hing, dann holte ich tief Atem und griff zu.

Als meine Hand niederfuhr, sprang der Frosch – aber nicht schnell genug, und meine zupackenden Finger erwischten eines seiner schlüpfrigen Hinterbeine. Er war jedoch entschlossen, seine Freiheit nicht kampflos preiszugeben. Er gab ein lautes, schreiendes Gurgeln von sich, schlug wild mit seinem freien Hinterbein aus und schabte mit seinen Zehen über meinen Handrücken. Es war, als kratze er mich mit Nadeln; auf der Haut meines Handrückens zeigten sich tiefe Rillen, die sich mit Blut füllten. Ich war dermaßen erstaunt über den unerwarteten Angriff eines Geschöpfes, das ich für völlig harmlos gehalten hatte, daß ich meinen Griff etwas gelockert haben muß. Der Frosch krümmte sich und stieß besonders heftig um sich, sein feuchtes Bein glitschte mir dabei aus den Fingern. Es gab einen Plumps, als er auf das Wasser aufschlug, und die Wellen tanzten. Der Haarfrosch war entwischt.

Ich war innerlich am Platzen. Die umfassende Sammlung wüstester Flüche, die ich mir im Laufe der Jahre angeeignet hatte, schien schwach und unzureichend, um diese Katastrophe zu beschreiben. Ich versuchte es mit dem einen oder anderen, aber sie drückten nur unzulänglich aus, was ich empfand. Nach all den Jahren, in denen mir versichert worden war, daß er nicht existiere, war ich dem Haarfrosch von Angesicht zu Angesicht gegenübergesessen. Nach vielen Stunden ergebnislosen Suchens hatte ich das Biest in Händen gehalten, und nun war es mir durch meine Dummheit entkommen. Ich kletterte auf einen hohen Felsen, um nachzuschauen, wo meine Jäger steckten. Ich konnte ihre Lampen fünfzig Meter talaufwärts leuchten sehen und stieß den langen Jodler aus, mit dem sich die Jäger untereinander zu verständigen pflegen. Als sie antworteten, rief ich ihnen zu, schleunigst zurückzukommen, da ich das Fleisch gefunden habe, nach dem wir suchten. Dann kletterte ich wieder herab und untersuchte den Teich genau. Er war vielleicht dreieinhalb Meter lang und an der weitesten Stelle nicht ganz zwei Meter breit. Zwei schmale Rinnen zwischen den Felsen bildeten seinen Zufluß und Abfluß; wenn wir diese – so sagte ich mir – verstopften, hatten wir alle Aussicht, den Frosch zu fangen, vorausgesetzt, daß er noch im Teich war. Als meine keuchenden Jäger eintrafen und ich berichtete, was passiert war, schnippten sie mit den Fingern und stöhnten vor Ärger über die Flucht des Frosches. Wir machten uns umgehend ans Werk und hatten bald beide Rinnen mit flachen Steinen abgeriegelt. Dann stellten sich zwei Jäger auf die Felsen und beleuchteten den Teich mit allen unseren Taschenlampen, so daß wir bei unserer Arbeit sehen konnten. Zuerst untersuchte ich die Tiefe mit dem langen Stock des Schmetterlingsnetzes und stellte fest, daß sie nicht ganz dreiviertel Meter betrug. Der Grund des Teiches bestand aus grobem Kies und kleinen Steinen, barg also genug Schlupfwinkel für den Frosch. Jakob, zwei Jäger und ich warfen die Kleider ab und stiegen in das eisige Wasser: Jakob und ich an dem einen und die zwei Jäger am anderen Ende des Teiches. Langsam bewegten wir uns aufeinander zu, tiefgebeugt betasteten wir mit Fingern und Zehen jeden Spalt und drehten jeden Stein um. Plötzlich, als wir uns bis zur Mitte des Teiches vorgearbeitet hatten, stieß einer der Jäger einen Schrei des Entzückens aus und grapschte wild nach etwas im Wasser; dabei verlor er das Gleichgewicht und fiel auf sein Gesicht.

«He, was sein, was sein?» fragten wir alle aufgeregt.

«Oh, Frosch», sprudelte der Jäger heraus, «aber er fortrennen.»

«Du nicht kriegen in Hand?» zischte Jakob wütend mit klappernden Zähnen.

«Er rennen zu Massa», rief der Jäger und zeigte in meine Richtung.

Während er noch sprach, fühlte ich, wie sich etwas neben meinem nackten Fuß bewegte; ich bückte mich und tappte wie rasend im Wasser umher. Im selben Moment stieß Jacob einen schrillen Schrei aus und tauchte unter, und auch einer der Jäger suchte wild nach etwas zwischen seinen Füßen. Meine Hand ertastete einen glatten, fetten Körper, der sich in den Kies neben meinen Zehen eingegraben hatte, und ich griff danach. Aber schon kam Jacob wieder an die Oberfläche, er spuckte, keuchte und schwang triumphierend seinen Arm, während er mit der Hand krampfhaft einen fetten Frosch umklammerte. Er watete durch das Wasser zu mir, um mir seinen Fang zu zeigen, und als er mich erreicht hatte, richtete ich mich mit meiner eigenen Trophäe zwischen den hohlen Händen auf. Ich schielte zwischen meine Finger hindurch und ergatterte einen Blick auf die dicken, mit der haarähnlichen Substanz bedeckten Froschschenkel: Es war ein Haarfrosch. Dann schaute ich mir Jakobs Fang an und stellte fest, daß auch er einen erwischt hatte. Wir beglückwünschten uns gegenseitig, taten die Frösche vorsichtig in einen tiefen, weichen Tuchsack und banden die Öffnung sorgfältig zu. Gerade als wir das erledigt hatten, richtete sich der Jäger, der bis jetzt verzweifelt zwischen seinen Füßen herumgegriffen hatte, auf und schwang brüllend vor Begeisterung noch einen Haarfrosch, den er am Bein hielt, über den Kopf.

Von unserem Erfolg erhitzt und ermutigt, tauchten wir noch einmal in den Teich und untersuchten ihn sorgfältig, aber wir fanden keine weiteren Frösche. Mittlerweile färbte sich der Rand des östlichen Horizontes blaßblau mit goldenen Flecken. Uns zu Häupten flackerten die letzten Sterne und erloschen, als jadegrüne Streifen über den Himmel zogen. Es war offensichtlich zu spät, die Jagd fortzusetzen, aber der Erfolg befriedigte mich vollkommen. Während die Schwarzen auf die Felsen krochen, um lachend und plaudernd die Zigaretten zu rauchen, die ich verteilt hatte, trocknete ich mich recht unzureichend mit meinem Taschentuch ab und zog meine taufeuchten Kleider an. Mein Kopf schmerzte heftig, zum Teil wohl von den Aufregungen des Fanges, hauptsächlich aber als Folge des Gelages beim Fon. Indessen bekümmerte mich im wohligen Gefühl des Triumphes, der mich umhüllte, weder die Nässe meiner Kleider noch mein Kopfweh. Den Beutel mit den Haarfröschen tauchte ich in den Teich, bis er vollgesogen und kühl war, dann wickelte ich ihn in nasses Gras und legte ihn auf den Boden eines Korbes.

Als wir den Gipfel des Hügels erreichten, stieg die Sonne hinter den fernen Bergen auf und überflutete die Welt mit einem gläsernen, goldenen Licht. Das hohe Gras war niedergebeugt und schwer von Feuchtigkeit. Tausend kleine Spinnen hatten ihre Netze zwischen den Halmen gesponnen und eine reiche Beute an Tautropfen gemacht, die weiß und eisblau in der Sonne funkelten. Dutzende großer Heuschrecken sprangen unter unseren Schritten auf und schwirrten mit ihren glitzernden, magentaroten Schwingen über das Gras. Einige fette Hummeln, blau wie elektrische Funken und pelzig wie Bären, summten im Chor über einer Gruppe blaßgelber Orchideen, die im Schutze eines großen Felsens wuchsen. Die Luft war frisch und kühl, erfüllt von dem Duft von Blumen, Gras, Erde und Tau. Die Jäger, glücklich darüber, daß ihr nächtliches Unternehmen von Erfolg gekrönt war, stimmten ein Lied an, während sie im Gänsemarsch den Pfad hinuntergingen: eine muntere Bafuter Weise, die sie mit viel Schwung sangen. Die Diener fielen ein, und Jakob schlug auf einer Blechbüchse einen gedämpften Wirbel zur Begleitung. So marschierten wir nach Bafut zurück, laut singend, während Jakob immer kompliziertere Rhythmen auf seiner improvisierten Trommel ausprobierte.

Als wir endlich zu Hause eintrafen, war es mein erstes, eine große Blechdose als Unterkunft für die Frösche herzurichten. Ich füllte sie mit frischem Wasser und legte Steine auf den Grund, die ihnen als Deckung dienen sollten. Ich setzte zwei von ihnen in das Blechgefäß, aber den dritten steckte ich in ein großes Marmeladenglas, stellte es auf den Tisch vor mich hin und betrachtete während des Frühstücks meinen Fang nach jedem Bissen mit verliebten Blicken.

Mein behaarter Frosch war – für einen Frosch – recht groß. Mit untergezogenen Beinen hätte er gerade auf einer Untertasse sitzen können, ohne daß darauf viel Platz übriggeblieben wäre. Sein Kopf war groß und ziemlich flach, mit stark vorquellenden Augen und einem ungewöhnlich breiten Maul. Die Grundfarbe des Körpers war ein tiefes Schokoladebraun, stellenweise mit dunklerem, fast schwarzem Braun marmoriert. Die weiße Unterseite ging tiefer am Bauch und innen an den Schenkeln in Rosa über. Die Augen waren sehr groß, schwarz wie Jett und mit einem feinen Filigran von goldenen Punkten gesprenkelt. Das Erstaunlichste an dem Tier – der Haarwuchs – beschränkte sich auf die Seiten des Körpers und die Schenkel, wo er dick und schwarz und ungefähr einen halben Zentimeter lang war. Dieser Schmuck ist in Wirklichkeit gar kein Haar, sondern besteht aus feinen, verlängerten Hautfäden, die bei näherer Betrachtung den Fühlfedern der Seeanemonen ähneln. Aber ehe man das Tier genauer untersucht hat, ist die Täuschung, daß sein Hinterkörper mit einem dicken Pelz bedeckt sei, vollkommen. Im Wasser stehen die Haare ab, bewegen sich wie Tang und zeigen sich von ihrer vorteilhaftesten Seite. Wenn der Frosch nicht im Wasser ist, nimmt das Haar ein zerzaustes, gallertartiges Aussehen an.

Seit der Frosch entdeckt wurde, ist viel über den eigentlichen Zweck dieses sonderbaren zottigen Schmuckes diskutiert worden, und man nimmt jetzt an, daß die Hautfäden der Atmung dienen. Alle Frösche atmen bis zu einem gewissen Grad durch die Haut, das heißt, die Haut saugt Sauerstoff aus der Feuchtigkeit. Auf diese Weise hat der Frosch sozusagen zwei Atmungsorgane: die Haut und die Lungen. Dank dieser Hautatmung kann der Frosch eine beträchtlich lange Zeit unter Wasser bleiben. Die Hautfäden des Haarfrosches bilden daher eine zusätzliche Hautoberfläche und müssen der Atmung sehr zustatten kommen. Ursprünglich herrschten Zweifel über die eigentliche Funktion dieser Haare, weil nur das Männchen behaart ist, das Weibchen aber eine so glatte Haut hat wie jeder gewöhnliche Frosch. Dadurch schienen die Haare eher ornamental als zweckhaft zu sein, denn es war wohl lächerlich, anzunehmen, daß das Männchen so kurzatmig sei, daß es die Haare zum ordentlichen Luftschöpfen nötig habe, während das Weibchen eine haarlose und doch gutventilierte Existenz führe. Dieser ungewöhnliche Widerspruch klärte sich bald genug auf: Man fand heraus, daß das Männchen sein Dasein unter Wasser verbringt, während das Weibchen den größten Teil des Jahres auf dem Trockenen lebt und nur während der Paarungszeit ins Wasser geht. Damit war das Geheimnis gelüftet: Das Weibchen auf dem Land gebraucht hauptsächlich seine Lungen zum Atmen, wohingegen das Männchen die Haare in seinen nassen Schlupfwinkeln als nützliche Zugabe empfindet, denn es hält sich die meiste Zeit unter Wasser auf.

Neben seinem Haarwuchs ist das Merkwürdigste an diesem Frosch, daß er eine Garnitur langer, halb durchsichtiger, weißer Krallen in den fleischigen Zehen seiner Hinterfüße hat. Diese Krallen kann er wie eine Katze einziehen, und wenn sie nicht gebraucht werden, verschwinden sie in den Zehenscheiden. Daß die Krallen scharf und sehr wirksam sind, bewiesen die Kratzer auf meiner Hand. Ich kann mir denken, daß der Nutzen dieser Klauen ein zweifacher ist: erstens als Verteidigungsmittel und zweitens als Werkzeug, das dem Amphibium ermöglicht, sich an den schlüpfrigen Felsen in den schnellströmenden Flüssen, die es bewohnt, festzuklammern. Wann immer die Frösche hochgehoben wurden, schlugen sie wild und leidenschaftlich mit ihren Hinterbeinen um sich, und die Krallen traten aus den Scheiden hervor. Gleichzeitig stießen sie ihren seltsam gurgelnden Schrei aus, der klanglich zwischen dem Grunzen eines zufriedenen Schweines und dem Quieken einer gequälten Maus lag; ein erstaunlich lauter Ton, der erschreckend wirkte, da man ihn nicht erwartete.

Meine Haarfrösche richteten sich in ihrer großen Dose recht häuslich ein, und nach zahlreichen Jagdzügen konnte ich ihre Anzahl auf sieben erhöhen: alles Männchen mit üppig behaartem Hinterteil. Mehrere Wochen suchte ich talauf, talab, um Weibchen für sie zu finden, aber ohne Erfolg. Dann aber erschien eines Tages eine reizende alte Dame – so ungefähr fünfundneunzigjährig – auf meiner Veranda mit zwei Kalebassen. In einer waren ein Paar Spitzmäuse, in der anderen befand sich ein großes Haarfrosch-Weibchen. Es war das einzige Weibchen dieser Spezies, das ich je bekam, und deshalb genoß es meine besondere Sorgfalt und Aufmerksamkeit. In der Gestalt war es den Männchen ähnlich, außer daß seine Haut trockener und etwas rauher war und seine Färbung von einem hellen Ziegelrot mit schokoladebraunen Flecken. Es lebte sehr zufrieden mit seinen sieben Verehrern und nahm sogar deren Gewohnheiten an. Tagsüber lagen sie alle im Wasser, fast völlig untergetaucht und bereit, auf den Boden des Gefäßes niederzustoßen, sobald sich jemand näherte. Bei Nacht hingegen wurden sie tapferer, kletterten auf die Felsen, die ich für sie hingestellt hatte, saßen dort und japsten sich mit ausdruckslosen Gesichtern an. Während meines ganzen Aufenthaltes in Afrika und auf der langen Rückfahrt nach England weigerten sich die Frösche störrisch, irgendeine der verlockenden Delikatessen zu fressen, die ich ihnen darbot. Aber da sie außerordentlich dick waren, regte mich ihr Fasten nicht sonderlich auf. Die meisten Amphibien können lange ohne Nahrung auskommen, ohne sich deshalb schlecht zu fühlen.

Als es für mich an der Zeit war, Bafut zu verlassen und zum Hauptlager hinunterzufahren, packte ich die Frösche in einen flachen Holzkasten, den ich mit feuchten Bananenblättern auslegte. Die Kiste mußte flach sein, denn es bestand Gefahr, daß die Frösche – wenn sie etwas erschreckte – aufgeregt in die Höhe sprangen und ihre zarten Nasen an dem hölzernen Deckel anschlugen. In einer flachen Kiste war das nicht möglich. Sie bereiteten mir auf dem Wege von Bafut ins Tiefland große Ängste und sorgenvolle Augenblicke: Im Hochland ist das Klima kühl und angenehm, aber wenn man in die bewaldeten Niederungen absteigt, ist es, als betrete man ein türkisches Bad, und dieser Wechsel behagte den Fröschen keineswegs. Als wir einmal auf unserem Rückweg anhielten und ich meine Kiste öffnete, war ich entsetzt, alle meine Haarfrösche matt und scheinbar leblos auf dem Boden liegen zu sehen. Ich raste zu einem nahen Flußbett hinunter und tauchte die Kiste in den Strom. Das kalte Wasser belebte allmählich vier der Frösche, aber drei waren schon zu erschöpft und starben bald. Jetzt hatte ich noch drei Männchen und das Weibchen. Ich mußte während der übrigen Fahrt den Lastwagen alle drei bis vier Kilometer halten lassen und die Froschkiste ins Wasser tauchen, um ihre Insassen ins Leben zurückzurufen, und nur auf diese Weise gelang es mir, sie lebendig ins Hauptlager zu bringen. Bei der Ankunft dort ergab sich ein neues Problem: Die Haarfrösche hatten zwar nicht springen und so ihre Nasen verletzen können, aber sie waren bemüht gewesen, sich in die Ecken der Kisten zu klemmen, und hatten sich dabei die Haut von den Nasen und Oberlippen gescheuert. Das war sehr gefährlich, denn wenn erst einmal die zarte Haut auf einer Froschnase beschädigt ist, entwickelt sich an der Stelle leicht eine häßliche Wunde, die sich wie ein Krebs ausbreitet und die ganze Nase und Lippe zerfressen kann. Ich mußte schleunigst eine neue Kiste für die Frösche herstellen. Sie war ebenfalls flach, aber Deckel, Boden und Seitenwände polsterte ich mit weichem Tuch und Watte aus. Die Kiste glich einer kleinen Gummizelle. Hier ging es den Fröschen sehr gut, denn ob sie nun sprangen oder sich eingruben, sie konnten sich an der weichen Oberfläche nicht verletzen. Indem ich sie trockener als gewöhnlich hielt, gelang es mir, ihre abgeschabten Nasen zu heilen, aber es blieben doch schwache weiße Narben auf der Haut zurück.

Als wir schließlich das Hauptlager verließen und zur Küste hinunterreisten, um das Schiff zu erreichen, gestaltete sich die Fahrt zu einem Albtraum. Es war unvorstellbar heiß, und die Kiste mit den Haarfröschen trocknete sehr schnell aus. Ich versuchte, sie in einem Behälter mit Wasser zu transportieren, aber die Straßen waren so schlecht, daß der größte Teil des Wassers schon während des ersten Kilometers herausschwappte. Der einzige Ausweg, der uns blieb, war, halbstündlich mit dem Lastwagen an einem Fluß anzuhalten und die Kiste ordentlich anzufeuchten. Aber nichtsdestoweniger kam ein Männchen um, so daß nur drei Haarfrösche an Bord des Schiffes eintrafen. In der kühlen Seeluft kamen sie schnell wieder zu Kräften und schienen durchaus lebensfähig zu sein, wenn sie auch dank ihres selbstauferlegten Fastens sehr mager waren. Das Fasten hielt bis zur Ankunft in England an. Und auch als sie schon im Reptilienhaus des Londoner Zoo untergebracht waren, verweigerten die Frösche jede Nahrung. Der Kurator versuchte wie ich, sie mit allen möglichen köstlichen Leckerbissen zu verführen, aber sie lehnten es ab zu fressen. Als letzten Ausweg steckte er schließlich einige rosige neugeborene weiße Mäuse in den Käfig, und zu seinem Erstaunen fielen die Frösche über sie her und verschlangen sie, als ob Mäusebabies ihr Lieblingsgericht wären. Von da an lebten sie ausschließlich von dieser Säugetierdiät und lehnten alle übliche Froschnahrung, wie Heuschrecken und Mehlwürmer, ab. Es erscheint höchst unwahrscheinlich, daß sie in Freiheit ausschließlich von Mäusebabies leben, und so schlossen wir daraus, daß Mäuse der Nahrung ähneln, die sie gewohnt waren. Doch was das sein mag, ist einstweilen noch ein Geheimnis.

SECHSTES KAPITEL

Schlangen und Shillinge

Die Rede des Fon bei der Grassammel-Zeremonie hatte erstaunliche und unmittelbare Folgen. Ich legte mich am Nachmittag des nächsten Tages für einige Stunden nieder, um die Nachwirkungen der Feier beim Fon und der anschließenden Froschjagd zu überwinden und ein wenig Schlaf nachzuholen. Als ich aufwachte, hatte ich das Bedürfnis, meinem Gemütszustand mit etwas Tee auf die Beine zu helfen, und so stolperte ich aus dem Bett zur Tür, in der Absicht, meine Befehle von der Veranda in die Küche hinunterzurufen. Ich öffnete die Tür und blieb wie angewurzelt stehen: Ich fragte mich, ob ich wache oder träume, denn die ganze Veranda war buchstäblich angefüllt mit einem seltsamen Sortiment von Säcken, Körben aus Palmenblättern und Kalebassen, die alle sanft hin- und herschaukelten und bebten, während an der Wand vier oder fünf lange Bambusstangen lehnten, an deren Enden wütend sich windende Schlangen festgebunden waren. Die Veranda sah wie ein Eingeborenenmarkt aus. Auf der obersten Stufe der Treppe kauerte Jakob und blickte mich finster und vorwurfsvoll an.

«Massa aufgewacht?» fragte er voller Trauer. «Warum sein Massa aufgewacht?»

«Was sein das alles?» fragte ich und zeigte mit der Hand auf die Sammlung von Säcken und Körben.

«Fleisch», sagte Jakob kurz und bündig

Ich untersuchte die Fesseln der Schlangen, um sicher zu sein, daß sie hielten.

«Wer dieses Fleisch bringen?» fragte ich und fühlte mich etwas benommen durch die Überfülle des Angebotes.

«Diese Leute es bringen», sagte Jakob lakonisch und zeigte hinter sich auf die Treppe. Ich trat zu ihm und sah, daß sich auf den fünfundsiebzig Stufen zur Villa und noch ein Stück auf der Straße eine große Menge von Bafutern jeden Alters und beiderlei Geschlechtes drängte. Es müssen ungefähr hundertfünfzig Menschen gewesen sein, und sie blickten unbeweglich und merkwürdig still zu mir empor. In der Regel sind kleine Gruppen von vier bis fünf Schwarzen in der Lage, mehr Lärm zu machen als irgendeine andere Rasse der Welt, aber dieser Riesenhaufen hätte aus Taubstummen bestehen können, so lautlos benahm er sich. Die Stille war unheimlich.

«Was sein los mit ihnen?» fragte ich Jakob.

«Sah?»

«Warum sie keinen Lärm machen, eh?»

«Ah», entgegnete Jakob, dem ein Licht aufging, «ich ihnen sagen, Massa schlafen.»

Dies war das erste Beispiel von vielen für die Höflichkeit und die guten Manieren des Bafutvolkes. Mir wurde klar, daß sie fast zwei Stunden in der heißen Sonne gesessen und ihr angeborenes Mitteilungsbedürfnis unterdrückt hatten, um meinen Schlaf nicht zu stören.

«Warum du mich nicht früher wecken?» fragte ich Jakob. «Du nicht wissen, daß für Fleisch schlechte Sache zu warten, eh?»

«Doch, Sah. Mir leid tun, Sah.»

«Schon gut. Wir jetzt anfangen und sehen, was diese Leute bringen haben.»

Ich hob den ersten Korb hoch und schaute hinein: Er enthielt fünf Mäuse mit blaß ingwerfarbenem Fell, weißen Bäuchen und langen Schwänzen. Ich reichte Jakob den Korb, der ihn zur obersten Stufe trug und emporhielt.

«Wer dieses Fleisch bringen?» rief ich.

«Ich es bringen», rief eine alte Frau mit schriller Stimme.

Sie zwängte sich zur Veranda herauf, feilschte fünf Minuten lang atemlos mit mir um den Preis und kämpfte sich dann wieder, krampfhaft ihr Geld umklammernd, die Stufen hinunter.

Der nächste Korb enthielt zwei bezaubernde kleine Eulen. Sie waren grau und schwarz gefleckt und um die Augen herum rein weiß, mit einem schwarzen Rand, so daß sie aussahen, als trügen sie große, mit Horn eingefaßte Brillen. Sie knapsten mit den Schnäbeln und senkten ihre langen Wimpern über ihre wilden goldenen Augen, als sie mich erblickten, und als ich versuchte, sie herauszuheben, legten sie sich auf den Rücken, wiesen ihre großen Klauen und stießen laute Schreie aus. Sie waren ganz jung und hatten stellenweise noch ihren kindlich-wattigen Flaum, so daß sie aussahen, als seien sie beide in einem Schneesturm gefangen worden. Ich kann Eulen nie widerstehen, aber diese beiden Babies waren einfach hinreißend. Es waren weißgesichtige Zwergohreulen und etwas ganz Neues für meine Sammlung, so daß ich guten Grund hatte, sie zu kaufen.

Der nächste Posten war ein Hörnchen, das ein ziemliches Tohuwabohu verursachte. Es war in einem Korb aus Palmblättern eingesperrt gewesen, und im Augenblick, als ich diesen öffnete, schoß es heraus wie ein Springteufel, biß mich in die Hand und galoppierte dann über die Veranda davon. Jakob jagte ihm nach, aber als er es fast eingeholt hatte, schlug es plötzlich einen Haken und lief die Treppe hinunter, indem es sich gewandt seinen Weg zwischen den Dutzenden schwarzer Beine bahnte, die dort standen. Die Panik, die es verursachte, war ungeheuerlich: Die Leute auf der obersten Stufe sprangen in die Höhe, als es auf ihre Füße zuraste, verloren das Gleichgewicht und fielen rücklings auf ihre Hintermänner auf der nächsten Stufe. Diese hinwiederum stürzten auf die unter ihnen, die wie hingemäht umsanken. Im Verlauf von Sekunden waren die Stufen mit einem unentwirrbaren Knäuel von Leibern bedeckt, aus dem Arme und Beine in seltsamsten Verrenkungen herausstaken. Ich war überzeugt, daß das unglückselige Hörnchen von dieser menschlichen Lawine totgequetscht werden würde, aber zu meinem Erstaunen erschien es völlig unverletzt am Fuß der Treppe, peitschte ein paarmal mit seinem Schwanz und lief in schnellem Trab die Straße hinunter. Ich stand in hilfloser Wut auf der obersten Treppenstufe und versuchte, mir durch das Gewirr von schwarzen Leibern einen Weg zu bahnen; denn das Hörnchen war ein seltenes Exemplar, und ich war fest entschlossen, es nicht entkommen zu lassen. Auf halbem Weg treppab klammerte sich jemand an meinen Knöchel, und ich fiel auf einen umfangreichen Körper, der nach dem wenigen, was ich davon sehen konnte, weiblichen Geschlechts schien. Ich blickte verzweifelt auf die Straße hinunter, während ich versuchte, mich wiederaufzurappeln, und sah zu meiner Freude eine Bande von ungefähr zwanzig jungen Leuten näher kommen. Als sie das Hörnchen erblickten, hielten sie an, und das Tier richtete sich auf und sicherte mißtrauisch.

«Ihr!» brüllte ich. «Ihr dort auf der Straße... das Fleisch fangen!»

Die jungen Leute stellten ihre Bündel ab und gingen entschlossen auf das Hörnchen los, das einen Blick auf sie warf, dann kehrtmachte und floh. Es begann eine wilde Verfolgung, denn jeder von ihnen wollte derjenige sein, der den Ausreißer fing.

Das Hörnchen rannte zwar schnell, aber es konnte gegen die langen Beine seiner Häscher nicht aufkommen. Sie holten es in dichtem Haufen ein, und ihre Mienen waren grimmig und starr. Dann stürzten sie sich zu meinem Entsetzen wie ein Mann über mein kostbares Tier, und zum zweitenmal verschwand das Hörnchen unter einem Berg um sich schlagender Schwarzer. Diesmal dachte ich wirklich, das arme Geschöpf müsse zerquetscht sein, aber das Hörnchen war offenbar unzerbrechlich. Als das Knäuel auf der Straße sich etwas entwirrt hatte, stand einer der jungen Leute auf und hielt das schnatternde, keuchende Hörnchen beim Wickel.

«Massa», rief er strahlend zu mir empor, «ich es fangen!»

Ich warf ihm einen Beutel hinunter, um das Tier hineinzutun, und dann wurde es mir die Treppe hinaufgereicht. Schleunigst setzte ich das Tier in einen Käfig, um zu untersuchen, ob es verletzt sei, aber bis auf seine ungewöhnlich schlechte Laune schien es ganz in Ordnung. Es war ein Schwarzohr-Hörnchen, wahrscheinlich eine der schönsten Arten der Kameruner Hörnchen. Sein Oberkörper schimmerte in tiefem Olivengrün, während sein Bauch ein üppiges Gelborange zeigte. Längs der Flanken hatte es eine Reihe weißer Flecken von der Schulter bis zu den Hinterschenkeln, und ein schwarzer Fellstreifen umrandete jedes Ohr, so daß es aussah, als habe das Tierchen sich nie hinter den Ohren gewaschen. Der schönste Teil seines Felles aber war der Schwanz: lang und außergewöhnlich buschig, an der Oberseite grünbraun getigert und an der Unterseite von lebhaftestem flammendem Orangerot. Im Käfig angelangt, peitschte es ein-, zweimal mit seinem zauberhaften Schwanz, und dann hockte es sich zu der ernsten Aufgabe nieder, eine Mangofrucht zu verzehren, die ich ihm hineingetan hatte. Ich betrachtete es liebevoll und war froh, daß man es erwischt hatte und daß es so glimpflich davongekommen war. Wenn ich vorausgesehen hätte, was es mir in der Zukunft noch für Unannehmlichkeiten bereiten würde, wäre ich wahrscheinlich über seine Ankunft weniger entzückt gewesen. Jetzt richtete ich meine Aufmerksamkeit von neuem auf die verschiedenen Behälter, die auf der Veranda herumstanden, und nahm aufs Geratewohl eine große Kalebasse zur Hand. Wie gewöhnlich war die Öffnung mit einem dicken Stöpsel aus grünen Blättern verstopft; ich entfernte diesen und schaute hinein. Aber die Kalebasse war so umfangreich und innen so dunkel, daß ich nicht erkennen konnte, was darin war. Ich trug sie zum Treppenabsatz und hob sie hoch.

«Wo sein der Mann, der diese Kalebasse bringen?» fragte ich.

«Na ich, Sah, ich!» rief ein Bursche, der auf halber Höhe der Treppe stand.

Es war mir immer ein Rätsel, wie die Schwarzen ihre eigenen Kalebassen aus Hunderten anderer herausfanden. Außer an ihren verschiedenen Größen konnte ich sie nie auseinanderhalten, aber die Schwarzen wußten auf den ersten Blick, welche die ihre war und welche einem anderen Jäger gehörte.

«Welches Fleisch sein da drin?» fragte ich und schwang die Kalebasse nachlässig an ihrer Schnur hin und her.

«Schlange, Sah», sagte der Mann, und ich stopfte schleunigst den grünen Blätterstöpsel wieder hinein.

«Was für Sorte Schlange, mein Freund?»

«Gera, Sah.»

Ich studierte meine Liste der einheimischen Bezeichnungen und stellte fest, daß es sich um eine Grünotter handelte. Dies waren in Bafut häufig vorkommende schöne Schlangen, und ich besaß schon eine große Anzahl von ihnen. Sie waren ungefähr einen halben Meter lang, leuchtend grasgrün mit kanariengelben Bäuchen und breiten, weißen Diagonalstreifen längs der Flanken. Ich trug die Kalebasse zu der flachen, mit einem Gazedeckel versehenen Kiste, in der ich die Vipern hielt, um den Neuankömmling hineinzuleeren. Eine Schlange aus einer Kalebasse in einen Käfig zu befördern, ist einer der simpelsten Vorgänge, vorausgesetzt, daß man ein oder zwei grundlegende Regeln befolgt. Man vergewissere sich zuerst, daß kein Bewohner des Käfigs sich in der Nähe der Tür aufhält. Das tat ich. Zweitens: Man prüfe, wie viele Schlangen in der Kalebasse sind, ehe man sie herausleert. Das unterließ ich.

Ich öffnete die Tür des Käfigs, entstöpselte die Öffnung der Kalebasse und begann sie sanft zu schütteln. Manchmal muß man recht lange schütteln, um eine Schlange aus einer Kalebasse herauszubekommen, denn sie windet sich an der Innenseite entlang und preßt sich so fest dagegen, daß es schwer ist, sie umzuquartieren. Jakob stand hinter mir; ich spürte seinen schweren Atem im Nacken, und hinter ihm stand eine festgefügte Mauer von Schwarzen, die mit offenem Mund zuschauten. Ich schüttelte die Kalebasse leicht hin und her, aber nichts geschah; ich schüttelte etwas stärker mit demselben Resultat. Mir war noch nie eine Viper begegnet, die mit solcher Zähigkeit an der Innenwand ihres Behälters klebte. Gereizt, versetzte ich der Kalebasse einen so kräftigen Stoß, daß sie in zwei Hälften barst. Ein verworrener Knäuel von Grünottern, der ungefähr aus einem halben Dutzend großer, kräftiger und zorniger Schlangen bestand, fiel mit einem üblen, dumpfen Aufschlag auf anstatt in den Käfig.

Sie waren zu einem so großen und soliden Ballen verknäuelt, daß sie, statt durch die Tür in den Käfig zu fallen, sich in der Öffnung festklemmten und ich nicht imstande war, die Tür hinter ihnen zuzuschlagen. Mit gleitender Grazie, die zu bewundern mir die Zeit fehlte, lösten sie sich voneinander und schlängelten sich über den Türrahmen auf den Boden. Hier breiteten sie sich fächerförmig wie eine soldatische Formation aus und kamen auf uns zu. Jakob und die Schwarzen, die sich hinter ihm drängten, stoben mit der Plötzlichkeit eines Zaubertricks auseinander. Ich konnte sie deswegen kaum tadeln, denn keiner von ihnen hatte Schuhe an. Aber ich war auch nicht so gekleidet, daß ich einen Haufen von Schlangen gegenüber den Helden mimen konnte, denn ich trug Shorts und Sandalen. Überdies waren meine einzigen Waffen die zwei Hälften der Kalebasse – nicht allzu brauchbare Gegenstände, um mit Schlangen fertig zu werden. Ich ließ die Schlangen als alleinige Herren der Veranda zurück und eilte in mein Schlafzimmer. Hier fand ich einen Stock und trat vorsichtig wieder auf die Veranda hinaus. Die Schlangen hatten sich zerstreut und waren nun leicht in die Enge zu treiben, mit dem Stock festzuhalten und hochzuheben. Eine nach der anderen ließ ich in den Käfig fallen und schloß und verriegelte dann die Tür mit einem Seufzer der Erleichterung. Die Schwarzen tauchten ebenso plötzlich wieder auf, wie sie verschwunden waren, plapperten, lachten und schnippten mit den Fingern, als sie beschrieben, in welcher Gefahr sie sich befunden hatten. Ich fixierte den Überbringer der Schlangen mit kühlen Blicken.

«Du», sagte ich, «warum du mir nicht sagen, daß viele Schlangen in der Kalebasse?»

«Was?» meinte er erstaunt. «Ich Massa sagen: ‹Da Schlange drin.›»

«Schlange, ja. Eine Schlange. Du nicht sagen: sechs.»

«Ich Massa sagen, da Schlange drin», wiederholte er empört.

«Ich fragen, was für Fleisch du bringen», erklärte ich mit Lammsgeduld. «Und du sagen: ‹Schlange.› Du nicht sagen: ‹Sechs Schlangen.› Woher ich wissen, wieviel Schlangen du bringen, eh? Du denken vielleicht, ich Juju haben in meinen Augen und wissen, wieviel Schlangen du fangen?»

«Dummer Mann», sagte Jakob, sich in den Streit mischend. «Vielleicht diese Schlange beißen Massa, dann Massa sterben. Dann was du machen, eh?»

Ich wandte mich Jakob zu: «Ich habe bemerkt, daß du durch Abwesenheit geglänzt hast, mein edler und tapferer Freund!»

«Ja, Sah», bestätigte Jakob strahlend.

Spätabends, als der letzte Jäger ausgezahlt war, saß ich mit einer so unheimlich großen Sammlung lebender Tiere da, daß ich bis drei Uhr früh des nächsten Tages zu tun hatte, um sie unterzubringen. Sogar dann blieben noch fünf große Ratten übrig, und es waren keine Kisten mehr vorhanden, aus denen man einen Käfig hätte machen können. Ich mußte sie in meinem Schlafzimmer auslassen, wo sie die ganze Nacht das Tischbein durchzunagen versuchten.

Als ich am nächsten Morgen aufstand und meine nunmehr so umfangreiche Sammlung reinigte und fütterte, dachte ich, daß man mir an diesem Tage wohl nichts mehr bringen werde. Ich war im Irrtum. Die Bafuter hatten sich offenbar mit vollen Segeln an die Aufgabe gemacht, mich mit neuen Spezies zu versorgen. Schon um zehn Uhr waren die Straße und die fünfundsiebzig Stufen schwarz von Menschen, und ich mußte verzweifelt um die Tiere feilschen. Zur Lunchzeit war es sonnenklar, daß die Zufuhr an Tieren bei weitem meinen Vorrat an Holz und Kisten zur Anfertigung von Käfigen überstieg, und so war ich gezwungen, eine Schar kleiner Jungen anzustellen, die Bafut durchstreifen mußten, um alle Kisten und Bretter, die sie auftreiben konnten, zu kaufen. Die Preise, die ich für die Kisten zu zahlen hatte, waren ungeheuerlich, denn für Schwarze ist jede Art von Behälter – sei es eine Flasche, eine Dose oder eine Kiste – Goldes wert.

Gegen vier Uhr nachmittags waren mein Stab und ich erschöpft, und wir waren so oft, an so vielen Stellen und von so verschiedenartigen Tieren gebissen worden, daß wir weitere Bisse gar nicht mehr spürten. Die Villa quoll über von Tieren, die quiekten, zirpten und rasselten. Sie bumsten gegen ihre Kalebassen, ihre Körbe und Säcke, während wir wie toll an ihren Käfigen arbeiteten. Diese vierundzwanzig Stunden gehörten zu jenen, die man lieber vergißt. Um Mitternacht waren wir alle so müde, daß wir uns kaum wachhalten konnten, obgleich wir noch etwa zehn Käfige herzustellen hatten. Ein großer Topf Tee mit einem tüchtigen Schuß Whisky darin entfachte in uns eine Art exaltierter Begeisterung für unsere Aufgabe, so daß wir durchhielten, und um zwei Uhr dreißig war der letzte Nagel eingeschlagen und das letzte Tier in seinem neuen Quartier untergebracht. Als ich ins Bett kroch, wurde mir voller Schrecken klar, daß ich um sechs Uhr früh auf sein müsse, um alles gereinigt und gefüttert zu haben, ehe der nächste Zustrom von Tieren einsetzte.

Der folgende Tag war womöglich noch etwas ärger als der vorhergehende, denn die Bafuter begannen schon einzutreffen, ehe ich mit der Betreuung meiner Schützlinge fertig war. Es gab nichts Nervenaufreibenderes, als mehrere Dutzende von Tieren reinigen und füttern zu müssen, wenn zwanzig oder dreißig weitere in undurchlüfteten, unhygienischen Behältern eingelangt sind und unserer Aufmerksamkeit bedürfen. Als ich aus dem Augenwinkel das Anwachsen der Kalebassen und der Körbe auf der Veranda beobachtete, schien sich die Anzahl der Käfige, die ich noch säubern und versorgen sollte, zu vervielfältigen, bis ich mir wie Herkules vorkam, als er zum erstenmal den Augiasstall erblickte.

Nachdem ich die Arbeit beendet hatte, hielt ich den versammelten Bafutern von der Treppe herab eine Rede, ehe ich neue Spezies kaufte. Ich wies darauf hin, daß sie mir in den letzten Tagen eine große Anzahl Fleisch jeder Art, Größe und Gestalt gebracht hätten. Dies beweise, daß die Bafuter bei weitem die besten Jäger seien, denen ich je begegnete, und ich sei ihnen sehr dankbar. Indessen, fuhr ich fort, müßten sie einsehen, daß ich nur eine begrenzte Anzahl Fleisch an einem Tage erwerben und unterbringen könne. Und so wäre ich froh, wenn sie während der nächsten drei Tage von der Jagd absehen wollten, um mir Zeit zu lassen, meinen Vorrat an Käfigen und Futtermitteln zu ergänzen. Es wäre sinnlos, stellte ich fest, ihnen Fleisch abzukaufen, wenn dieses aus Mangel an entsprechenden Unterkünften eingehen müßte. Das wäre hinausgeschmissenes Geld. Weil die hervorstechendste Eigenschaft des Schwarzen sein Geschäftssinn ist, ging bei dieser Bermerkung ein allgemeines Kopfnicken wie eine Woge durch die Menge, und ein Chor von «Arrrr!» erhob sich. Als ich so den springenden Punkt berührt und mir, wie ich hoffte, drei Tage Atempause verschafft hatte, erwarb ich die Tiere, die man mir gebracht hatte, und ging von neuem ans Käfigbauen.

Um vier Uhr war das Arbeitspensum zu übersehen, und ich machte eine Teepause. Während ich am Geländer der Veranda lehnte, sah ich, wie das Tor in der roten Ziegelmauer aufflog und der Fon erschien. Mit Riesenschritten eilte er über den großen Hof, und seine Gewänder flatterten und rauschten zu seinen Bewegungen. Er blickte bekümmert drein und murmelte etwas vor sich hin. Da er offensichtlich im Begriff war, mir einen Besuch abzustatten, ging ich ihm die Stufen hinunter entgegen.

«Willkommen, mein Freund», sagte ich höflich, als er anlangte.

«Mein Freund», murmelte er, umschloß meine Hand mit der seinen und schaute mir ernsthaft ins Gesicht. «Ein Mann mir erzählen, du nicht mehr kaufen Fleisch, du verlassen dies Ort. Sein das so?»

«Nein, das nicht sein so», sagte ich.

«Ah, gut, gut!» rief er erleichtert. «Manchmal ich fürchten, du bekommen genug Fleisch und du verlassen dies Ort.»

«Nein, nein, dies nicht so» erklärte ich. «Bafutleute können viel gut jagen, und sie mir bringen viel-viel Fleisch, ich nicht genug Kisten, um es hineingeben. Darum ich sagen alle diese Leute, sie nicht jagen für drei Tage, damit ich können machen Kisten.»

«Ah, ich verstehen», sagte der Fon und lächelte mir zärtlich zu. «Ich manchmal denken, du uns verlassen.»

«Nein, ich nicht verlassen Bafut.»

Der Fon blickte mit ängstlicher Verschwörermiene um sich, und dann zog er mich die Straße hinunter, indem er liebevoll seinen Arm um meine Schulter legte.

«Mein Freund», flüsterte er mit heiserer Stimme, «ich haben Fleisch für dich gefunden. Oh, schönes Fleisch, Fleisch, du noch nie bekommen.»

«Was für Fleisch?» fragte ich begierig.

«Fleisch», erklärte der Fon, «du wirst mögen viel sehr. Wir es jetzt fangen, eh?»

«Du es noch nie fangen?»

«Nein, mein Freund, ich aber wissen, wo es versteckt.»

«Gut, wir suchen jetzt nach ihm, eh?»

«Ja, ja, foin!» sagte der Fon.

Eifrig zog er mich über den großen Hof durch ein Labyrinth schmaler Gänge, bis wir eine kleine Hütte erreichten.

«Du warten hier klein Zeit, mein Freund, ich gleich kommen», sagte er und verschwand eilig im Dunkel der Hütte. Ich wartete draußen, überlegte, wohin er gegangen sei, und was für eine Art Tier er entdeckt haben konnte. Er hatte so geheimnisvoll getan, und das machte die ganze Angelegenheit sehr aufregend.

Als er schließlich wieder zum Vorschein kam, erkannte ich ihn im Augenblick nicht wieder. Er hatte seine Robe, sein Käppchen und seine Sandalen abgelegt und war nun nackt bis auf ein kleines, makellos weißes Lendentuch. In der einen Hand hielt er einen langen, schlanken Speer. Sein magerer, muskulöser Körper glänzte von Öl, und seine Füße waren bloß. Er trat auf mich zu, wirbelte fachmännisch seinen Speer und strahlte entzückt über mein unverhohlenes Staunen.

«Du haben neuen Jäger», meinte er kichernd. «Nun du mich können nennen Bafut-Spürhund, sein das nicht so?»

«Ich denken, der neue Jäger sein der beste von allen», sagte ich grinsend.

«Ich können viel gut jagen», nickte er. «Manchmal mein Volk denken, ich zu alt, in Busch zu gehen. Mein Freund, wenn ein Mann jagen mit sein Auge, sein Nase und sein Blut, er nie werden zu alt, in Busch zu gehen, sein das nicht so?»

«Du reden wahr, mein Freund», sagte ich.

Er führte mich aus dem Bereich seines Gehöftes, ungefähr dreiviertel Kilometer die Straße hinunter, und bog dann in die Maisfelder ab. Er schritt tüchtig aus, wirbelte seinen Speer und summte vor sich hin. Ab und zu drehte er sich grinsend nach mir um, und ein spitzbübisches Entzücken huschte über sein Gesicht. Dann verließen wir die Felder und durchquerten ein kleines Dickicht von Mimbopalmen, das dunkel, geheimnisvoll und vom Geraschel der Palmwedel erfüllt war. Schließlich begannen wir, die goldenen Hänge hinaufzusteigen. Als der Fon den Gipfel erreicht hatte, blieb er stehen, stieß seinen Speer in den Boden und betrachtete mit verschränkten Armen die Aussicht. Ich hatte ein Stück hügelabwärts haltgemacht, um einige zartgetönte Schnecken zu sammeln, und als ich oben ankam, schien der Fon in Trance gefallen zu sein. Dann seufzte er tief auf, wandte sich mir zu und breitete weit seine Arme aus.

«Dies na mein Land», sagte er, «foin dies Land.»

Ich nickte zustimmend, und wir standen einige Minuten schweigend da und betrachteten die Aussicht. Unter uns lag ein Mosaik kleiner Felder: grün, silbern und rehfarben, unterbrochen von dichten Mimbopalmen-Beständen und hie und da einem rostroten Fleck, dort, wo die Erde frisch umgegraben war. Diese kleine bebaute Fläche sah wie ein farbiges Taschentuch aus, das jemand auf die Erde gebreitet und vergessen hatte. Es lag da, umbrandet vom Ozean der Bergwelt, deren Gipfel vergoldet waren und deren Täler die untergehende Sonne in Schatten tauchte. Der Fon schaute langsam umher, und auf seinem Gesicht malte sich ein Gemisch von Zärtlichkeit und kindlichem Vergnügen. Er seufzte wieder – einen Seufzer tiefer Befriedigung.

«Foin», murmelte er. Dann zog er seinen Speer aus der Erde und führte mich den Weg ins nächste Tal hinab, indem er melodisch vor sich hin summte.

Das Tal war flach und eben und mit einem Wald kleiner verkümmerter Bäume dicht bestanden, von denen einige nicht mehr als drei Meter hoch waren. Etliche von ihnen waren völlig verborgen unter einem wuchernden Mantel von Winden und ähnelten klobigen Türmen aus zitternden Blättern und elfenbeinfarbenen Blüten. Das Tal hatte die Sonne des Tages eingefangen, und die warme Luft war schwer vom Duft der Blüten und Blätter. Ein schläfrig rhythmisches Summen rührte von Tausenden von Bienen her, die um die Blüten schwebten. Ein unbekannter kleiner Vogel erfüllte mit seinem melodischen Trillern das Tal und verstummte dann plötzlich, so daß der einzige Laut wieder das gedämpfte Surren der Bienen war, die um die Bäume schwebten oder in die samtenen Trichter der Windenblüten krabbelten. Der Fon studierte einen

Augenblick die Bäume und ging dann ruhig durch das Gras zu einem besseren Aussichtspunkt, wo der Blick auf den Wald nicht so sehr durch die Winden behindert wurde.

«Von hier wir werden Fleisch sehen», flüsterte er und zeigte auf die Bäume. «Wir uns setzen und warten klein Zeit.»

Er hockte sich nieder und wartete entspannt und unbeweglich; ich kauerte mich neben ihn und beobachtete bald ihn, bald die Bäume. Da sich in den Bäumen kein Leben zeigte, konzentrierte ich mich auf meinen Gefährten. Da saß er, hielt den aufgestellten Speer in seinen großen Händen, und auf seinem Gesicht spiegelte sich ein Ausdruck eifriger Erwartung, wie bei einem Kinde, ehe sich der Vorhang im Theater hebt. Als er aus jener kleinen, dunklen Hütte in Bafut herausgetreten war, hatte er offenbar mit seinen Gewändern und Staatsinsignien auch seine Herrschermiene abgestreift, die so sehr ein Bestandteil seines Wesens zu sein schien. Indes er hier, den Speer in der Hand, in dem stillen warmen Tal auf der Erde kauerte, schien er ein Jäger wie jeder andere zu sein. Seine lebhaften dunklen Augen auf die Bäume gerichtet, wartete er auf die Beute, von der er wußte, daß sie kommen werde. Aber während ich ihn so betrachtete, wurde mir klar, daß er doch nicht einfach jedem anderen Jäger glich; es war etwas um ihn, das ich nicht definieren konnte. Plötzlich begriff ich, was es war: Jeder gewöhnliche Jäger hätte dort geduldig und etwas gelangweilt gehockt, denn er hatte dies schon so oft in seinem Leben getan. Aber der Fon wartete mit glänzenden Augen; ein leichtes Lächeln spielte um seinen großen Mund, und er genoß die Situation offensichtlich von Herzen. Ich überlegte bei mir, wie oft er wohl in der Vergangenheit seiner ehrerbietigen Ratgeber und anbetenden Untertanen überdrüssig gewesen sei, wie oft er seine herrlichen Gewänder als heiß und hinderlich empfunden haben mochte und seine spitzen Schuhe als drückend und hart. Dann mag er vielleicht das Bedürfnis verspürt haben, die weiche rote Erde unter seinen Füßen zu fühlen und den Wind auf seinem nackten Körper. Und so stahl er sich wohl zu seiner Hütte, legte seine Jagdkleidung an und schritt über die Höhen, wirbelte seinen Speer, summte vor sich hin und hielt auf den Kuppen der Hügel an, um das schöne Land zu bewundern, über das er herrschte. Mir fielen die Worte ein, die er mir da eben gesagt hatte: «Wenn ein Mann jagen mit sein Auge, sein Nase und sein Blut, er nie werden zu alt, in Busch zu gehen.» Der Fon war unbedingt so ein Mann. Meine Gedanken über seine Wesensart wurden unterbrochen, denn der Fon beugte sich vor, packte mich beim Arm und zeigte mit seinem langen Finger auf die Bäume.

«Sie sein da», flüsterte er, das Gesicht zu einem Lächeln verziehend.

Ich folgte seinem ausgestreckten Finger und konnte im Augenblick nichts als ein Gewirr von Ästen erblicken. Dann bewegte sich etwas, und ich sah das Tier, das wir erwartet hatten.

Es kam mit der sanften, duftigen Grazie einer Samenflocke durch die verflochtenen Zweige gesegelt. Als es sich näherte, entdeckte ich, daß es genauso aussah, wie ich mir einen Waldschrat vorgestellt hatte. Es war in ein grün-graues Pelzröckchen gehüllt und hatte einen langen, buschigen Schwanz. Seine rosa Hände waren verhältnismäßig groß und seine Finger ungeheuer lang und spitz. Seine Ohren waren ebenfalls groß und so dünnhäutig, daß sie fast durchsichtig wirkten. Diese Ohren schienen ein selbständiges Leben zu führen, denn sie bogen und drehten sich unabhängig voneinander, manchmal falteten sie sich zusammen und legten sich flach an den Kopf wie Fächer, dann wieder standen sie spitz und aufrecht wie bleichsüchtige Kallas. Das Gesicht des winzigen Geschöpfes wurde von einem Paar riesengroßer dunkler Augen beherrscht, Augen, die die selbstbewußteste Eule beschämt hätten. Obendrein konnte das Tier seinen Kopf so drehen, daß es wie eine Ente rückwärts schauen konnte. Es rannte bis zur Spitze eines schwanken Zweiges, der sich kaum unter seinem Gewicht bog, und da saß es, klammerte sich mit seinen langen, schlanken Fingern an der Rinde fest, schaute mit seinen großen Augen hinunter und zirpte sich leise etwas vor. Ich wußte, daß es ein Galago war – ein Ohrenmaki –, aber es sah eher wie ein Fabelwesen aus.

Es saß auf einem Zweig und zwitscherte minutenlang vor sich hin, dann geschah etwas Erstaunliches: Urplötzlich waren die Bäume voll von Galagos – Galagos jeden Alters und jeder Größe, angefangen von solchen, die fast so klein wie eine Walnuß waren, bis zu den Erwachsenen, die bequem in einem gewöhnlichen Trinkglas Platz gehabt hätten. Sie sprangen von Ast zu Ast, griffen mit ihren großen, schlanken Händen nach den Blättern und Zweigen, zwitscherten leise aufeinander ein und blickten mit der großäugigen Unschuld von Cherubinen um sich. Die ganz Kleinen, die nur aus Augen zu bestehen schienen, hielten sich dicht bei ihren Eltern. Manchmal setzten sie sich auf die Hinterbeine und hoben ihre winzigen rosa Hände mit weitgespreizten Fingern empor wie in Entsetzen über all die Verworfenheit in der Blätterwelt ringsumher.

Eines dieser Babies entdeckte, während ich es beobachtete, daß es auf demselben Zweig saß wie eine große, saftige Heuschrecke. Es war Abend, und das Insekt mochte schläfrig sein, denn es erkannte zu spät die Gefahr. Ehe es etwas unternehmen konnte, war das Galagobaby den Zweig entlanggeflitzt und hatte es fest um die Mitte gepackt. Die Heuschrecke wachte jählings auf und fand, daß etwas geschehen müsse. Es war ein großes Insekt, in der Tat fast so groß wie das Galagobaby, auch war es im Besitz von einem Paar langer, muskulöser Hinterbeine, mit denen es wütend auszuschlagen begann. Es war spannend, den Kampf zu beobachten: Der Galago umklammerte die Heuschrecke verzweifelt mit seinen langen Fingern und versuchte, sie zu beißen. Jedesmal, wenn er zubeißen wollte, schlug die Heuschrecke heftig mit den Hinterbeinen aus und brachte ihren Gegner aus dem Gleichgewicht, so daß dieser vom Ast purzelte und, an seinen Füßen hängend, herunterbaumelte. Da dies mehrere Male hintereinander geschah, kam ich zu dem Schluß, daß der Galago Saugsohlen haben müsse. Aber selbst kopfabwärts hängend und von einer ausgewachsenen Heuschrecke in den Magen geboxt, bewahrte er den Ausdruck großäugiger Unschuld.

Der Kampf nahm ein ganz unerwartetes Ende: Als beide kopfüber herunterhingen, schlug die Heuschrecke besonders heftig aus, die Füße des Galago verloren den Halt, und die Gegner fielen eng umschlungen durch die Blätter hinab. Im Fallen löste der Galago die eine Hand von der Taille der Heuschrecke und griff nach einem vorbeiflitzenden Zweig mit der selbstverständlichen Geschmeidigkeit eines gelernten Akrobaten. Er schwang sich auf den Ast und biß der Heuschrecke den Kopf ab, ehe sich diese so weit erholt hatte, um den Kampf fortzusetzen. Den enthaupteten, aber noch immer ausschlagenden Körper in einer Hand, stopfte sich der Galago den Kopf in das Maul und zermalmte ihn mit wahrem Genuß. Dann saß er da, hielt den zuckenden Körper in einer Hand und betrachtete ihn mit zur Seite geneigtem Kopf, wobei er schrille und aufgeregte Schreie des Entzückens von sich gab. Als der Körper aufgehört hatte zu zucken, und seine großen Hinterbeine im Tode erstarrt waren, riß der Galago eines nach dem anderen aus und fraß sie. Er sah auf lächerliche Weise einem ältlichen, winzigen Gourmet ähnlich, der genießerisch an der Keule eines überlebensgroßen Hühnchens knabbert.

Bald darauf füllte sich das Tal mit Schatten, und man konnte die Galagos nur noch schwer zwischen den Blättern erkennen, wenngleich wir ihr leises Zwitschern hören konnten. Wir erhoben uns aus unserer verkrampften Stellung und gingen den Hügel hinauf heimwärts. Auf dem Gipfel hielt der Fon an, blickte auf die Wälder hinunter und lächelte verzückt.

«Dies Fleisch», kicherte er, «ich viel sehr lieben. Mir sie immer komisch sein, und ich lachen müssen.»

«Schönes Fleisch», sagte ich, «wie du es nennen?»

«In Bafut», sagte der Fon, «wir es nennen Shilling.»

«Du glauben, irgendwann meine Jäger es können fangen?»

«Morgen du sollen es haben», versprach der Fon. Aber er wollte mir nicht sagen, wie man sie fange, noch, wer es tun werde. Wir erreichten Bafut in der Abenddämmerung, und als der Fon wieder standesgemäß gekleidet war, kam er, und wir tranken zusammen. Als ich ihm gute Nacht sagte, erinnerte ich ihn an sein Versprechen, mir einige Galagos zu verschaffen.

«Ja, mein Freund, ich nicht vergessen», sagte er. «Ich dir einige Shilling besorgen.»

Vier Tage vergingen, und ich dachte schon, daß der Fon dennoch vergessen habe oder daß die Tiere schwerer zu fangen seien, als er angenommen hatte. Dann, am fünften Morgen, als mir mein Tee gebracht wurde, stand auf dem Tablett ein kleiner, bunter Korb aus Raffiageflecht. Ich hob den Deckel und schaute verschlafen hinein; da blickten mir vier Paar riesiger feuchter, unschuldiger Augen sanft fragend entgegen.

Es war ein Korb voll «Shillinge» – eine Gabe des Fon.

SIEBTES KAPITEL

Der Quefonggu

Das Grasland war von den verschiedenartigsten Reptilien bevölkert, und die meisten davon schienen leicht zu fangen. Im Tiefland sah man sehr selten irgendeine Schlangenart, selbst wenn man danach suchte. Natürlich kamen auch dort Schlangen vor, aber ich nehme an, daß sie verstreut lebten, und vermutlich waren die meisten Arten Baumbewohner, was das Aufspüren und den Fang erschwerte. In den Bergen dagegen wimmelte es im Gras von kleinen Nagetieren und Fröschen, und die Gebirgswäldchen waren voll von Vögeln – somit ein Paradies für Schlangen. Da gab es große, schwarze, spuckende Kobras, grüne Mambas, schlanke Baumschlangen mit riesigen, unschuldsvollen Augen, vielfarbige Gabunvipern mit einem gegabelten Horn auf dem Maul – ähnlich einem Rhinozeroshorn – und Scharen anderer. Außer den Schlangen gab es auch unzählige Frösche, vom Haarfrosch angefangen bis zum winzigen Laubfrosch von der Größe einer Eichel; einige von ihnen waren gefleckt und gestreift und von so blendender Farbenmusterung, daß sie eher köstlichen Bonbons als Amphibien glichen. Die Kröten waren im allgemeinen ziemlich eintönig graubraun gefärbt, aber sie machten dies durch seltsame Anordnungen von Warzen und Auswüchsen auf ihren Körpern und eine erstaunliche Vielfalt von Augenfalten wett.

Doch die häufigsten Reptilien waren die Eidechsen; man fand sie überall. Im hohen Gras am Straßenrand trippelten fette Skinke mit dikken Beinen, rehfarben, silbern und schwarz gefärbt, umher, und an den Wänden der Hütten, auf der Straße und auf den Felsen stolzierten und nickten die regenbogenfarbenen Agamen. Unter der Baumrinde oder unter den Steinen konnte man kleine goldäugige Geckos finden, mit sauber und hübsch in Schokoladebraun und Creme gemusterten Körpern, und bei Nacht marschierten in den Häusern die gewöhnlichen Hausgekkos, durchsichtig und geisterhaft wie rosa Perlen, über die Zimmerdecken.

Alle diese Reptilien wurden mir nach und nach von der einheimischen Bevölkerung gebracht. Manchmal war es eine Schlange, die am Ende eines Stockes achtlos angebunden war, ein anderes Mal eine Kalebasse voll von japsenden Fröschen. Zuweilen war die Beute sorgfältig in des Jägers Hut oder Hemd gewickelt, dann wieder baumelte sie am Ende einer dünnen Schnur. Auf so improvisierte und lebensgefährliche Weise wurden Kobras, Mambas und Gabunvipern bei mir eingeliefert, und obgleich ihre Fänger wußten, daß ihr Biß den Tod bringen konnte, behandelten sie sie mit einer Leichtfertigkeit, die mich verwunderte. Im allgemeinen benimmt sich der Schwarze Schlangen gegenüber nicht töricht und zieht es – um ganz sicher zu gehen – von vornherein vor, jede Art für giftig zu halten. So war ich, gelinde gesagt, überrascht, als ich sah, wie sorglos die Bafuter mit Schlangen umgingen. Und meine Verwunderung steigerte sich noch, als ich entdeckte, daß gerade jenes Reptil, das sie ungeheuer fürchteten, völlig harmlos war.

Eines Tages, als ich mit den Bafut-Spürhunden unterwegs war, kamen wir im Laufe der Jagd in ein weites, grasbestandenes Tal, ungefähr dreiviertel Kilometer vom Dorf entfernt. Die Spürhunde waren fortgegangen, um die Netze aufzustellen, und während ich auf sie wartete, setzte ich mich ins Gras und genoß eine Zigarette. Plötzlich wurde meine Aufmerksamkeit durch eine leichte Bewegung zu meiner Linken gefesselt, und als ich genauer hinsah, bemerkte ich ein Reptil, dessen Anblick mir den Atem raubte. Bisher hatte ich geglaubt, daß die Agamen die farbenprächtigsten Eidechsen des Graslandes seien; aber im Vergleich zu dem Tierchen, das da zwischen den Gräsern in mein Blickfeld kroch, waren Agamen so langweilig und farblos wie ein Klumpen Kitt. Ich saß da und wagte kaum, mich zu rühren, um das wunderbare Geschöpf nicht in das Gras zurückzuscheuchen; und als ich unbeweglich blieb, nahm es an, daß ich harmlos sei, schlüpfte ins Sonnenlicht hinaus, lag schwelgerisch dort und betrachtete mich mit seinen goldgesprenkelten Augen. Ich erkannte, daß es zu den Skinken gehörte; allerdings war es einer der größten und farbenprächtigsten Skinke, die ich je gesehen hatte. Es lag ganz ruhig da, wärmte sich in der frühen Morgensonne, und ich hatte reichlich Zeit, es zu betrachten.

Den Schwanz inbegriffen, war es ungefähr dreißig Zentimeter lang und maß etwa fünf Zentimeter an der dicksten Stelle seines Körpers. Es hatte einen kurzen, breiten Kopf und kurze, aber kräftige Beine. Seine Färbung und Musterung war so strahlend bunt und kompliziert, daß es fast unmöglich ist, sie zu beschreiben. Ich muß vorwegnehmen, daß die Schuppen groß und leicht erhaben waren, so daß das ganze Geschöpf aussah, als sei es kunstvoll wie ein Mosaik zusammengesetzt. Die Kehle zeigte schwarze und weiße Längsstreifen, der Kopf war oben rostrot, während die Backen, die Oberlippe und das Kinn in lichtem Ziegelrot schimmerten. Von der Grundfarbe des Körpers, einem tiefen, glänzenden Schwarz, hoben sich die anderen Farben besonders vorteilhaft ab. Von den Kinnladen zu den Vorderfüßen liefen helle, kirschrote Streifen, die durch schmale Bänder schwarz-weißer Schuppen voneinander getrennt wurden. Der Schwanz und die Außenseite der Beine waren weiß gefleckt. Die Flecken auf den Beinen waren klein und zart, auf dem Schwanz hingegen lagen sie so dicht nebeneinander, daß sie stellenweise vertikale Streifen bildeten. Der Rücken war der Länge nach abwechselnd schwarz und kanariengelb gestreift, und als ob das noch nicht genüge, wurden die gelben Streifen hie und da durch rosa Schuppen unterbrochen. Das ganze Reptil glänzte, als ob es soeben lackiert worden und noch nicht getrocknet sei.

Während der Skink und ich dasaßen und uns gegenseitig beobachteten, schmiedete ich eifrig einen Plan, um ihn zu fangen. Das Schmetterlingsnetz lag ungefähr sechs Meter von mir entfernt, aber es hätte genausogut in England liegen können, denn ich wußte, daß der Skink nicht ruhig sitzen bleiben und mir gestatten würde, es zu holen. Hinter ihm dehnte sich ein unendlicher Dschungel hohen Grases, und wenn er erst einmal da hineinlief, war er für immer verschwunden. Gerade in dem Moment hörte ich zu meinem Ärger die Spürhunde zurückkommen. Mir war klar, daß ich schnell handeln müsse, da ihr Kommen das Reptil erschrecken werde. Langsam stand ich auf, und der Skink hob alarmiert den Kopf. Als der erste der Spürhunde durch das Gras herankam, stürzte ich mich verzweifelt auf den Skink. Er war etwas im Nachteil, denn er hatte mich eine Viertelstunde lang in meiner bewegungslosen Stellung beobachtet und war nicht darauf gefaßt, daß ich jetzt wie ein Falke aus der Luft auf ihn niederstoßen würde. Aber mein Vorteil war nur von kurzer Dauer, denn das Tier erholte sich schnell von seiner Überraschung, und als ich mit Schwung im Gras landete, trippelte es behend zur Seite. Ich rollte mich herum und griff wild nach seinem entschwindenden Körper, doch während ich das tat, trat der Spürhund auf die Lichtung hinaus und sah, was ich machte. Statt mir zu Hilfe zu eilen, wie ich erwartet hatte, stieß er einen langen Schrei aus, sprang vor und zerrte mich von meiner Beute fort. Der Skink trippelte in das dichte Gewirr der Gräser und war verschwunden. Ich befreite mich aus dem Griff des Spürhundes und fuhr ihn wütend an.

«Buschmann», keuchte ich ärgerlich, «was machen du für dumme Sachen?»

«Massa», sagte der Spürhund und schnippte vor Aufregung mit den Fingern, «dieses ein schlecht-schlecht Fleisch. Wenn es Massa beißen, Massa sterben.»

Ich bewahrte mühsam meine Beherrschung. Ich hatte längst herausgefunden, daß die Schwarzen trotz aller Gegenbeweise zäh an der Überzeugung festhielten, gewisse völlig harmlose Reptilien besäßen ein tödliches Gift. Darum widerstand ich der Versuchung, den Spürhund einen hoffnungslosen Idioten zu nennen, und versuchte, ihn auf andere Weise zu überzeugen.

«Wie du nennen dieses Fleisch?» fragte ich.

«Wir es nennen Quefonggu, Sah.»

«Du sagen, es viel-viel Gift haben, eh?»

«O ja, Massa. Es sein schlecht-schlecht Fleisch.»

«Aber du vergessen, daß weißer Mann haben besondere Medizin für diese Art Fleisch, eh? So du vergessen, daß ich nicht sterben, wenn dies Fleisch mich beißen, eh?»

«Eh, Massa, ich das vergessen.»

«So du laufen wie Weib, du machen Lärm, und du mich halten, daß ich verlieren das schöne Fleisch, weil du vergessen, eh?»

«Tun mir leid, Sah», murmelte der Spürhund zerknirscht.

Ich tippte mit meinem Finger an seinen wolligen Schädel.

«Nächstes Mal, mein Freund», sagte ich ernst, «du denken mit dein Hirn, ehe du so was tun, eh?»

«Ich hören, Sah.»

Als die anderen Spürhunde auf dem Schauplatz erschienen, wurde ihnen der Vorfall geschildert, und es hob ein großes Gekeuche und Geschnalze an.

«Wha», sagte einer bewundernd. «Massa nicht Angst haben. Er versuchen fangen Quefonggu.»

«Und Uano haben Massa gefangen», sagte ein anderer, und sie lachten alle schallend.

«Ay, Uano, du heute Glück haben. Einmal Massa werden dich töten für so dumme Sache», sagte ein anderer, und sie verfielen von neuem in Lachkrämpfe bei dem Gedanken, daß der Spürhund die Freiheit besessen hatte, mich an dem Fang zu hindern.

Als sie sich von der Komik der Situation erholt hatten, fragte ich sie eingehend nach dem Reptil aus. Zu meiner Erleichterung versicherten sie mir, daß es recht häufig im Grasland vorkomme und daß ich noch genügend Gelegenheit haben werde, Exemplare davon zu bekommen. Indessen waren sie sich alle einig über die todbringenden Eigenschaften des Skinks. Er sei so giftig, beteuerten sie, daß man sofort in Todeskrämpfen niederstürzen und innerhalb weniger Minuten sterben müsse, wenn man ihn nur berühre. Dann fragten sie mich nach der Medizin, die ich gegen das tödliche Gift dieses Geschöpfes anzuwenden gedächte, aber ich tat wohlweislich sehr geheimnisvoll. Ich sagte, sie sollten mir nur ein Quefonggu finden. Ich würde es dann fangen und ihnen schon beweisen, daß ich mich nicht in Todeskrämpfen winden werde. Aufgeregt und beunruhigt zugleich bei dem Gedanken an dies grausige Experiment (denn keiner von ihnen glaubte recht an meine Medizin), versprachen sie, dies zu tun. Einer der Spürhunde sagte, daß er einen Ort in der Nähe wisse, wo sehr viele dieser Reptilien zu finden seien. Also packten wir unsere Ausrüstung zusammen und machten uns auf den Weg. Die Jäger schwatzten miteinander; wahrscheinlich schlossen sie Wetten ab, ob ich die Begegnung mit einem Quefonggu überleben würde oder nicht.

Der Spürhund führte uns schließlich zu einem Hügel, der ungefähr anderthalb Kilometer entfernt war. Heftige Gebirgsregen hatten den größten Teil der roten Erde von den Hängen gewaschen und große Flächen grauen Gesteins bloßgelegt. In einzelnen Felsspalten hatten sich Erdtaschen gebildet, auf denen Pflanzen wuchsen, die aus einer so kleinen Bodenfläche Nahrung ziehen konnten. Das Felsgestein war von hohem goldenem Gras und einem merkwürdigen distelähnlichen Gewächs umsäumt, das blasse, buttergelbe Blüten hatte. Die besonnten Felsen waren fast zu heiß zum Anfassen; als ich über sie hinwegschritt, klebten die dünnen Gummisohlen meiner Schuhe an ihrer Oberfläche, so daß es mir vorkam, als gehe ich auf Fliegenpapier. Ich überlegte, ob diese glühendheiße Oberfläche selbst für das sonnenbesessenste Reptil nicht eine Zumutung wäre. Plötzlich schoß ein flüchtiger Farbstreifen aus einem Tuff niederer Pflanzen über den glitzernden Felsen und verschwand in einer sicheren Freistatt aus hohem Gras und Disteln.

«Quefonggu!» riefen die Bafut-Spürhunde, blieben stehen und umklammerten fester ihre Speere. Da sie mir beim Fang eher hinderlich als eine Hilfe sein würden, sagte ich ihnen, sie sollten bleiben, wo sie wären, und ging allein weiter. Ich hatte mich mit einem Schmetterlingsnetz bewaffnet, und nachdem ich mich vorsichtig den Graspolstern genähert hatte, die aus den Felsspalten wuchsen, stocherte ich behutsam mit dem Stock des Netzes darin herum, um sicher zu sein, daß sich hier kein Quefonggu verstecke. Es war ganz erstaunlich, was selbst ein so winziges Graspolster beherbergte. Ich störte unzählige große Heuschrecken, Wolken von Motten und Mücken, Massen bunter Schmetterlinge, einige Käfer und etliche Libellen auf und begriff nun, was für eine Anziehungskraft dieser ausgedörrte und kahle Ort für Eidechsen haben mußte.

Plötzlich hatte ich Glück: Als ich den Stock in ein Grasbüschel steckte und vorsichtig darin herumbohrte, schreckte ich einen Quefonggu auf. Er schlüpfte von seinem Versteck und huschte über die rauhe Felsplatte so leicht wie ein Kiesel über eine Eisfläche. Ich begann zu rennen, entdeckte aber sofort, daß der Skink und ich verschiedene Vorstellungen von der Eignung eines Terrains für Kurzstreckenlauf hatten. Ich blieb mit einer Zehe in einer Felsspalte stecken und fiel platt auf den Bauch; ehe ich mich wieder aufgerichtet und das Netz ergriffen hatte, war meine Beute verschwunden. Mittlerweile rann mir der Schweiß in Bächen herunter, und die Hitze, die die Felsplatten ausstrahlten, war so groß, daß mir bei jeder zusätzlichen Anstrengung das Blut im Kopf dröhnte. Die Spürhunde standen am Saum des hohen Grases, eine lautlose und faszinierte Gruppe, und beobachteten die Entwicklung der Dinge. Ich wischte mir das Gesicht ab, umklammerte das Netz mit meiner klebrigen Hand und näherte mich verbissen dem nächsten Graspolster. Jetzt war ich vorsichtiger: Ich schob den Stock zwischen die Grashalme, bewegte ihn sacht und langam ein-, zweimal hin und her und zog ihn wieder heraus, um zu sehen, was geschehen würde. Ich wurde durch den Anblick eines Quefonggu belohnt, der behutsam seinen Kopf aus dem Gras steckte und nachschaute, was die Unruhe hervorrief. Schnell schlug ich auf das Grasbüschel in seinem Rücken, und als er herausrannte, ließ ich das Netz niedersausen. Im nächsten Augenblick hob ich triumphierend das Netz hoch, in dessen Falten der Quefonggu wütend um sich schlug.

Ich fuhr mit der Hand in das Netz und packte das Reptil um die Mitte. Es rächte sich dafür, indem es meinen Daumen mit seinen Kiefern packte. Es hatte zwar mächtige Kiefer, aber winzige Zähne, so daß sein Biß ganz schmerz- und harmlos war. Um es abzulenken, ließ ich es ruhig an meinem Daumen knabbern, während ich es aus dem Netz nahm. Ich hielt seinen verwirrend schönen Körper empor und schwenkte ihn wie eine Fahne.

«Schaut her!» rief ich den Spürhunden zu, die mich offenen Mundes beobachteten. «Ich haben Quefonggu gefangen!»

Als die Spürhunde die weichen Tuchbeutel herbeibrachten, in denen ich zumeist die Reptilien transportierte, ließ ich das Netz auf dem Felsen liegen und ging ihnen mit dem Skink in der Hand entgegen. Wie ein Mann ließen die Bafut-Spürhunde ihre Speere fallen und flohen wie eine Herde aufgescheuchter Antilopen in das hohe Gras.

«Was ihr fürchten, eh?» rief ich. «Ich ihn halten fest in Hand, ich ihn nicht lassen laufen.»

«Massa, wir ihn fürchten viel-viel sehr», erwiderten sie im Chor und blieben in angemessener Entfernung im hohen Gras stehen.

«Ihr mir Sack bringen, damit ich dies Fleisch hineintun!» befahl ich ungerührt und trocknete mir die Stirn.

«Massa, wir Angst – schlechtes Fleisch das», tönte ihr Schrei herüber.

Wenn mir nicht bald ein stichhaltiges Argument einfiel, konnte es mir passieren, daß ich meine Jäger über das ganze Grasland verfolgen mußte, um einen Sack für meinen Skink zu bekommen. Ich setzte mich daher an den Saum des hohen Grases und starrte sie an.

«Wenn nicht jemand sofort Sack bringen für dies Fleisch», verkündete ich laut und böse, «ich morgen holen neue Jägersleute. Und wenn der Fon mich fragen, warum ich solches Ding tun, ich ihm sagen, ich brauchen Jäger, die nicht Angst haben, ich nicht brauchen Weiber.»

Stille breitete sich über das Grasland, während die Bafut-Spürhunde überlegten, ob es besser sei, einem Quefonggu in der Hand Trotz zu bieten oder einem Fon in Bafut. Nach kurzer Zeit wurde die Sache zugunsten des Quefonggu entschieden, und sie näherten sich mir langsam und widerstrebend. Einer von ihnen warf mir aus sicherer Entfernung einen Beutel für meinen Fang zu, doch ehe ich den Skink hineintat, hielt ich eine kleine Vorführung für angebracht.

«Schaut her», sagte ich und hielt die zappelnde Eidechse hoch, so daß sie sie sehen konnten. «Nun ihr gut herschauen und sehen: Das Fleisch haben keine Macht, mich vergiften.»

Ich hielt den Skink in einer Hand und den Zeigefinger der anderen dicht vor seiner Nase. Das Reptil sperrte angstvoll das Maul auf. Unter den Schreckensrufen der Spürhunde stopfte ich meinen Finger soweit wie möglich hinein und ließ den Quefonggu daran kauen. Die Bafut-Spürhunde standen wie angewurzelt und beobachteten mit ungläubigem Staunen, wie er an meinem Finger nagte. Mit aufgerissenen Augen und angehaltenem Atem beugten sie sich offenen Mundes vor, um zu sehen, ob die Bisse des Tieres Folgen hätten. Nach einigen Augenblikken hatte es der Quefonggu satt, erfolglos an meinem Finger herumzubeißen, und ließ ihn fahren. Ich steckte das Reptil in den Sack und band ihn zu, ehe ich mich an die Jäger wandte.

«Ihr gesehen?» fragte ich. «Dies Fleisch mich beißen, nicht wahr?»

«Eh ja, Sah», flüsterten die Spürhunde entsetzt.

«Gut, er mir gegeben Gift, eh? Ihr denken, ich bald sterben, eh?»

«Nein, Sah. Wenn dies Fleisch Massa beißen und Massa nicht gleichgleich tot, Massa gar nicht sterben.»

«Nun, ich haben diese besondere Medizin», log ich achselzuckend mit geziemender Bescheidenheit.

«Wha, es so sein, Massa gute Medizin haben», sagte ein Spürhund.

Diese Demonstration war nicht allein als Beweis für die Überlegenheit des weißen Mannes über den schwarzen gedacht; der wahre Grund für dieses Theater war, daß ich gern sehr viele Quefonggus haben wollte, aber genau wußte, ich könnte sie nie ohne die Hilfe und Mitarbeit der Spürhunde bekommen. Ich mußte daher ihre Furcht besiegen, und die einzige Möglichkeit dazu war, ihnen zu zeigen, daß meine sagenhafte Medizin dem tödlichen Biß des Quefonggu durchaus gewachsen sei. Mein Plan war, sie mit einem Quantum harmloser Flüssigkeit, daß ich ihnen als mein Elixier bezeichnen würde, zu versorgen. Mit diesem angeblichen Wundermittel ausgestattet, würden sie sich aufmachen und mit Säcken voll funkelnder Quefonggus zurückkehren.

Auf dem Rückweg nach Bafut stolzierte ich im glücklichen Besitz meines wertvollen Skinks dahin und war äußerst zufrieden über den schlau entworfenen Plan, der mir noch mehr dieser bezaubernden Reptilien einbringen sollte. Hinter mir trabten still die Spürhunde und blickten mich noch immer mit verstörten Gesichtern an. Sooft wir jemandem begegneten, gaben sie einen kurzen Bericht über meine Zauberkräfte, und die Zuhörer keuchten entsetzt und erstaunt bei dieser Erzählung, die ohne Zweifel bei jeder Wiederholung weiter ausgeschmückt wurde. Als wir die Villa erreicht hatten und mein Skink in einer großen Kiste untergebracht war, trommelte ich die Spürhunde zusammen und hielt ihnen eine kleine Ansprache. Sie hätten sich nun mit eigenen Augen überzeugt, sagte ich, daß meine Medizin ein ausreichender Schutz gegen die Bisse des Quefonggu sei. Sie nickten bekräftigend. Da ich nun eine große Anzahl dieser Reptilien haben wolle, würde ich sie am folgenden Tag mit diesem Zaubermittel versehen. So ausgerüstet, würden sie in der Lage sein, für mich Quefonggus zu fangen. Hierauf strahlte ich sie selbstzufrieden an und wartete auf die fälligen Begeisterungsrufe. Aber es kamen keine. Statt dessen standen die Spürhunde äußerst betreten herum und bohren mit ihren Zehen im Sand.

«Nun», fragte ich nach einer langen Pause, «ihr nicht einverstanden?»

«Nein, Massa», murmelten sie.

«Warum nicht einverstanden? Ihr wissen, ich euch geben diese besondere Medizin, eh? Warum ihr Angst?»

Sie kraulten sich am Kopf, wetzten mit den Füßen, sahen einander hilflos an, und schließlich faßte einer Mut und redete.

«Massa», sagte er und räusperte sich ein paarmal, «diese Medizin du haben, sein gut. Das wir wissen. Wir gesehen, daß Fleisch Massa oft beißen und Massa nicht sterben.»

«Also?»

«Diese Medizin, Massa, sein Zauber für weiße Mann, nicht Zauber für schwarze Mann. Für Massa diese Medizin sein gut, aber für uns nicht gut.»

Eine halbe Stunde diskutierte ich mit ihnen, beschwor und umschmeichelte sie. Sie waren höflich, aber nicht zu erschüttern; die Medizin sei gut für Weiße, aber bei Schwarzen werde sie keine Wirkung haben. Das war ihre Überzeugung, und daran war nicht zu rütteln. Ich versuchte jedes denkbare Argument, um sie umzustimmen, aber ohne Erfolg. Schließlich entließ ich die Spürhunde, höchst verärgert über das Scheitern meines kleinen Schlachtplanes, und ging essen.

Später am Abend erschien der Fon, von fünf Ratsherren und einer Flasche Gin begleitet. Wir saßen auf der in Mondlicht getauchten Veranda und besprachen flüchtig die verschiedensten Themen. Dann rückte der Fon seinen Stuhl näher an mich heran, beugte sich vor und grinste mich breit und gewinnend an, so daß sein ganzes Gesicht erstrahlte.

«Ein Mann mir sagen, daß du gefangen Quefonggu», sagte er. «Dieser Mann sprechen wahr?»

«Jawohl», nickte ich, «sein schönes Fleisch das.»

«Dieser Mann sagen, du fangen dies Fleisch mit dein Hand», fuhr der Fon fort. «Ich denken, dieser Mann mir vielleicht Lügen sagen, eh? Dies sein viel schlecht Fleisch, dies Quefonggu. Du ihn nicht können fangen mit Hand, eh? Er dich töten einmal, sein nicht so?»

«Nein», sagte ich mit Nachdruck. «Dieser Mann nicht sagen Lüge. Ich dieses Tier fangen mit mein Hand.»

Die Ratsmitglieder stießen bei dieser Mitteilung hörbar zischend den Atem aus, und der Fon lehnte sich zurück und betrachtete mich mit weit aufgerissenen Augen.

«Und als du es fangen, was das Fleisch da tun?» fragte der Fon schließlich.

«Es mich beißen.»

«Whaaaaa?» riefen der Fon und die Ratsherren wie aus einem Mund.

«Es mich hier beißen», sagte ich, meine Hand emporhebend, vor der der Fon zurückschreckte, als ob ich mit einer Flinte auf ihn angelegt hätte. Er und die Ratsherren untersuchten meinen Finger aus angemessener Entfernung, wobei sie eifrigst aufeinander einsprachen.

«Warum du nicht sterben?» fragte dann der Fon.

«Sterben?» fragte ich stirnrunzelnd. «Warum sollen ich sterben?»

«Nun, dies sein viel schlecht Fleisch», meinte aufgeregt der Fon. «Es beißen viel sehr. Wenn schwarzer Mann es halten, er bald sterben. Warum du nicht sterben, mein Freund?»

«Oh, ich besondere Medizin für dies Ding haben», sagte ich so obenhin.

Meine Zuhörerschaft stieß im Chor ein «Ah!» aus.

«Sein das europäische Medizin?» fragte der Fon.

«Ja. Du möchten, ich sollen sie dir zeigen?»

«Ja, ja, foin!» sagte er voller Eifer.

Sie saßen schweigsam und erwartungsvoll da, während ich mein kleines Arzneikästchen holte. Diesem entnahm ich ein Päckchen Boraxpulver und streute etwas davon auf meine Handfläche. Sie reckten gierig die Hälse, um es zu sehen. Ich füllte ein Glas mit Wasser, löste das Pulver darin auf und verrieb etwas davon auf meinen Händen.

«Da!» sagte ich und spreizte meine Hände wie ein Zauberkünstler. «Jetzt mich Quefonggu nicht töten.»

Ich ging zu der Kiste mit dem Skink, öffnete sie und hielt das Tier in den Händen, als ich mich umdrehte. Da entstand ein Rauschen von Gewändern, und die Ratsherren flohen in wilder Hast an das andere Ende der Veranda. Der Fon saß in seinem Sessel wie angeschmiedet, mit einem Ausdruck von Ekel und Furcht im Gesicht, als ich auf ihn zuging. Ich blieb vor ihm stehen und hielt das Reptil empor, das eifrig bestrebt war, meinen Finger durchzunagen.

«Schau her ... du sehen?» sagte ich. «Dieses Fleisch mich nicht können töten.»

Dem Fon entfuhr ein langes «Aieeeeeee!» des Erstaunens, als er die Eidechse beobachtete. Dann löste er seine hingerissenen Augen von ihr und blickte zu mir auf.

«Dein Medizin», fragte er mit belegter Stimme, «sie sein gut für schwarzen Mann?»

«Sein foin für schwarzen Mann.»

«Schwarzer Mann nicht sterben?»

«Gar nicht, mein Freund.»

Der Fon lehnte sich zurück und starrte mich wie verzaubert an.

«Wha!» sagte er schließlich. «Sein foin Ding das.»

«Du möchten vielleicht Medizin probieren?» fragte ich so nebenbei.

«Öh ... öh ... ja, ja, foin», meinte der Fon erregt.

Ehe er seine Meinung ändern konnte, tat ich den Skink in seine Kiste zurück und rührte noch etwas von dem Boraxpulver an. Ich zeigte dem Fon, wie er seine riesigen Hände einreiben müsse, und er knetete sie eine ganze Weile. Dann brachte ich die Kiste herbei, zog den Skink heraus und hielt ihn meinem hohen Gast hin.

Es war ein spannender Moment. Die Ratsherren beobachteten den Fon mit angehaltenem Atem und verzerrten Gesichtern, während dieser seine Lippen befeuchtete, seine Hand nach dem Skink ausstreckte, sie nervös wieder zurückzog und dann von neuem nach ihm griff. Er zögerte noch einen Augenblick, als seine Hand über dem leuchtend bunten Reptil verweilte, dann holte er tief Atem und packte das Tier fest um die Mitte.

«Ahhh!» zischten die Ratsherren.

«Whiii! Ich halten ihn!» kreischte der Fon und umklammerte den unglücklichen Skink so heftig, daß ich für sein Leben fürchtete.

«Du halten ihn locker», bat ich. «Du werden ihn töten, wenn du ihn so fest halten.»

Aber der Fon, wie gelähmt sowohl von Furcht als auch von Stolz über seinen eigenen Mut, konnte nur dasitzen, auf den Skink in seiner Hand starren und murmeln: «Ich halten ihn... ich halten ihn...», bis ich gezwungen war, den unglücklichen Skink aus seiner Hand zu befreien und in die Kiste zurückzutun.

Der Fon untersuchte seine Hände, und als er zu mir aufblickte, malte sich auf seinem Gesicht kindliches Entzücken. Die Ratsherren schwatzten aufeinander los. Der Fon schwenkte mir seine Hände entgegen und fing an zu lachen. Er lachte und lachte und lachte, schlug sich auf die Schenkel und bog sich in seinem Sessel vor Husten und Glucksen, während ihm die Tränen herunterrannen. Das war so ansteckend, daß auch ich anfing zu lachen, und bald fielen die Ratsherren ein. Da saßen wir, trampelten mit den Füßen, lachten, als wollten wir nie wieder aufhören, bis sich schließlich einige der Ratsherren auf der Erde wälzten und nach Atem rangen, während der Fon erschöpft in seinem Sessel lag und von gewaltigen Heiterkeitsausbrüchen geschüttelt wurde.

«Warum du so lachen?» sprudelte ich schließlich hervor.

«Sein so komisch!» sagte der Fon, erneut von Lachen geschüttelt. «Seit lange Zeit, seit ich noch klein, ich fürchten dies Fleisch. Wah! Ich fürchten es viel sehr. Nun du geben mir Medizin, und ich nicht fürchten es mehr.»

Er lehnte sich im Sessel zurück und schluchzte bei diesem Gedanken vor Vergnügen.

«Quefonggu, dein Zeit sein vorbei, ich dich nicht wieder fürchten», gurgelte er.

Später, während uns vom Lachen noch alles weh tat, tranken wir unsere Gläser leer, und dann ging der Fon in seine Villa zurück, ein Paket mit Boraxpulver sorgfältig an sich gepreßt. Ich hatte ihn darauf aufmerksam gemacht, daß die Medizin zwar erfolgreich gegen die Bisse der Quefonggus, Agamen und Geckos verwendet werden könne, aber unter keinen Umständen gegen Schlangenbisse. Wie ich gehofft hatte, war es am nächsten Tag in aller Leute Mund, daß der Fon einen Quefonggu in der Hand gehalten habe, nachdem er durch meine Medizin immunisiert worden sei, und daß er die Begegnung überlebt habe. Am Nachmittag erschienen die Bafut-Spürhunde mit entwaffnendem Grinsen.

«Was na sein?» fragte ich eiskalt.

«Massa», sagten die Spürhunde, «du uns geben Medizin, die dem Fon geben, und wir jagen Quefonggu für Massa.»

Am selben Abend bekam ich zwei Kisten voll mit schönen Grasland-Skinken, und die Bafut-Spürhunde tranken Maisbier, umringt von einer bewundernden Schar von Bafutern, während sie den Jagdbericht dieses Tages zweifellos mit entsprechenden Ausschmückungen wiederholten. Indes ich ihnen zuhörte, saß ich auf der Veranda und bestellte brieflich aus dem nächstgelegenen Kaufladen ein weiteres Paket Borax. Ich hatte das Gefühl, daß dies von Nutzen sein könnte.

ACHTES KAPITEL

Die getarnte Giftschlange

Nach etlichen Wochen war der Strom der Leute, die mir besondere Arten Tiere gebracht hatten, zu einem Getröpfel versiegt. Der Grund dafür war, daß ich mittlerweile von den häufig vorkommenden Spezies genügend Exemplare erhalten hatte, weshalb ich mich weigerte, mehr davon zu kaufen. Auf der Veranda türmten sich die seltsamsten Käfige, die eine phantastisch zusammengestellte Sammlung von Säugetieren, Vögeln und Reptilien enthielten, und meine Morgenstunden sowie der größte Teil meiner Abende waren ihrer Pflege gewidmet. Meine Tage waren nie langweilig. Abgesehen vom Reinigen und Füttern dieser Sammlung, waren meine Tage angefüllt mit der nie endenden Freude, die Gewohnheiten meiner Tiere und ihre Reaktionen auf die Gefangenschaft und auf mich selbst zu studieren.

Dann gab es auch noch das Leben in Bafut. Da ich auf der Veranda arbeitete, verfügte ich über einen erhöhten Aussichtspunkt, der einen vorzüglichen Blick auf die Straße, den Hof und die Häuser des Fon gewährte. Wenn ich durch die zerzausten Fransen der Bougainvilleen lugte, konnte ich das Hin und Her der zahlreichen Weiber, Nachkommen und Ratsherren des Fon und das ständige Kommen und Gehen der Bafuter Bevölkerung beobachten. Von der Veranda aus verfolgte ich manche Szene da unten, und wenn ich meine Hand nach dem Feldstecher ausstreckte, vermochte ich mir die Akteure so nahe zu bringen, daß mir auch nicht der leiseste Wechsel im Ausdruck ihrer Gesichter entging.

Eines Abends sah ich ein schlankes, gutaussehendes Mädchen die Straße herunterkommen. Sie näherte sich zögernden Schrittes und schleifte die Füße nach, als ob sie darauf warte, daß jemand sie einhole. Ich wollte ihr gerade einen Gruß zurufen, als ich bemerkte, daß ein kräftiger junger Bursche hinter ihr hergetrabt kam, düsteren Blicks und mit wildverzerrtem Gesicht. Er rief ihr heftig etwas zu; das Mädel hielt an und drehte sich dann mit einem verdrießlichen und herausfordernden Ausdruck auf ihrem hübschen Gesicht um, was den jungen Mann offensichtlich reizte. Er blieb vor ihr stehen und fing an, laut und ärgerlich auf sie einzureden; dabei fuchtelte er wild mit den Armen. Augen und Zähne blitzten in seinem dunklen Gesicht. Das Mädchen stand reglos, und ein schwaches, fast spöttisches Lächeln spielte um ihre Lippen. Dann betrat ein dritter Akteur die Bühne. Ein altes Weib eilte die Straße herunter, schrie in den höchsten Tönen und schwang einen langen Bambusstock. Der Mann nahm keine Notiz von ihr, sondern setzte seine ziemlich einseitige Diskussion mit dem Mädchen fort. Das alte Weib tanzte um die beiden herum, fuchtelte schrill kreischend mit dem Bambusstock, und die flachen, welken Brüste hüpften bei jeder Bewegung auf und nieder. Je mehr sie kreischte, um so lauter schrie der Mann, und je lauter er schrie, um so mürrischer wurde der Ausdruck des Mädchens. Plötzlich wirbelte die Alte wie ein Derwisch auf einem Bein herum und versetzte dem Mann mit ihrem Stock einen Schlag auf die Schultern. Die einzige Notiz, die er von diesem Überfall nahm, war, daß er mit seinen langen, muskulösen Armen nach dem Stock in der Hand der Alten griff und ihn hoch in die Luft schleuderte, so daß er über die rote Ziegelmauer in den großen Hof fiel. Die Alte war einen Augenblick außer Gefecht gesetzt, dann sprang sie den jungen Burschen hinterrücks an und versetzte ihm einen heftigen Fußtritt in den Hintern. Er tat, als bemerke er es nicht, und schrie mit immer wilderen Gesten auf das Mädchen ein. Plötzlich knurrte das Mädchen eine Antwort und spuckte ihm direkt auf die Füße.

Der Jüngling hatte bis dahin eine ausgesprochen unkriegerische Haltung eingenommen und schien dadurch den kürzeren gezogen zu haben, denn die Frauen nützten ihren Vorteil auf unfaire Weise aus. Immerhin, daß man nun auf seine Füße spuckte, machte das Maß anscheinend voll. Angesichts dieses hinterhältigen Angriffs stand er einen Augenblick sprachlos da, aber dann sprang er mit einem Wutschrei vor, packte das Mädchen mit einer Hand bei der Kehle und versetzte ihm mit der anderen ein paar schallende Ohrfeigen. Schließlich gab er ihm einen Stoß, so daß es hinfiel. Die Alte war völlig überwältigt von diesem Vorgehen, fiel rücklings platt in den Graben und mimte den prachtvollsten hysterischen Anfall, den ich je gesehen habe. Sie rollte von einer Seite zur anderen, schlug sich auf den Mund und machte sich in einem Indianergeheul Luft, das mir das Blut in den Adern erstarren ließ. Gelegentlich unterbrach sie diese Geräusche, um ganz gewöhnlich zu schreien. Das Mädchen lag im roten Staub und schluchzte bitterlich. Der Bursche beachtete die alte Dame nicht, sondern hockte neben dem Mädchen nieder und schien sich zu entschuldigen. Nach einer Weile blickte das Mädchen auf und gönnte ihm ein tränennasses Lächeln, worauf der junge Mann aufsprang, das Mädchen beim Handgelenk ergriff und mit ihm die Straße hinunterwanderte; die heulende, umherrollende Alte ließ er im Graben liegen.

Ehrlich gestanden, war mir diese ganze Angelegenheit völlig rätselhaft. Worum hatte sich das alles gedreht? War das Mädchen die Frau des Mannes, war sie ihm untreu, und hatte er das entdeckt? Aber was um alles in der Welt war der Grund für die Anwesenheit der Alten? Hatte das Mädchen dem Mann vielleicht etwas gestohlen? Oder noch wahrscheinlicher: Hatten das Mädchen und die Alte einen Zauber auf ihn angewandt, und war er dahintergekommen? Ja, das mußte die Erklärung sein! Das Mädchen, das seines jungen Gatten überdrüssig war, hatte wohl versucht, ihn zu vergiften, indem es zerkleinerten Leopardenschnurrbart in seine Speisen mischte – Schnurrbarthaare, die es von dem alten Weib erhalten hatte, das selbstverständlich eine ortsbekannte Hexe war. Aber der Ehemann schien mißtrauisch geworden zu sein, und das Mädchen war hilfesuchend zu der Zauberin geflohen. Der Ehemann folgte dem Mädchen, und die Hexe, die sich ihrer Kundschaft gegenüber irgendwie verpflichtet fühlte, war ihnen beiden nachgegangen, um die Angelegenheit zu ordnen. Als ich diese Theorie gerade in eine Form gebracht hatte, die für das *Wide World Magazine* annehmbar sein mochte, blickte ich über die Brüstung der Veranda und bemerkte Jakob, der durch die Hecke nach dem alten Weib lugte. Die Frau rollte noch immer im Graben umher und gab Geräusche von sich, die an eine belebte Straßenkreuzung gemahnten.

«Jakob», rief ich, «was sein das ganze Palaver?»

Jakob blickte auf und kicherte heiser.

«Dies alte Frau sein Mammy von junge Frau. Junge Frau sein Weib von Mann. Mann sein ganze Tag in Busch, und wenn zurückkommen, er sehen, Weib ihm nicht haben Essen kochen. Sein Magen knurren, und Mann viel-viel böse, darum wollen schlagen sein Weib. Weib rennen, Mann rennen, um Weib schlagen, und alte Frau rennen, um Mann schlagen.»

Ich war zutiefst enttäuscht. Ich hatte die Empfindung, daß Afrika, dieser dunkle und geheimnisvolle Kontinent, mich zum Narren gehalten habe. An Stelle einer saftigen Intrige mit Hexen- und Zaubertränken aus Leopardenschnurrbarthaaren war ich nur Zeuge einer häuslichen Szene gewesen mit den üblichen Zutaten: einer unzulänglichen Ehefrau, einem hungrigen Gatten, einem ungekochten Essen und einer sich einmischenden Schwiegermutter. Ich wandte mich wieder meiner Sammlung zu und fühlte mich ausgesprochen betrogen. Ich glaube, die Schwiegermutter war es, die mich am meisten erbitterte.

Bald darauf gab es eine neue Aufregung auf der Veranda. Ich spielte dabei die Hauptrolle, aber erst sehr viel später konnte ich deren Komik würdigen. Es war ein schöner Abend, und im Westen sammelten sich Scharen von schmalen, flaumigen Wolken zu einem herrlichen Sonnenuntergang.

Nach einer wohlverdienten Tasse Tee saß ich oben auf der Treppe im späten Abendsonnenschein und versuchte, einem unwahrscheinlich dummen Hörnchenbaby beizubringen, wie man Milch aus einem um das Ende eines Zündholzes gewickelten Wattebausch saugt. Als ich diese nervenzerrüttende Arbeit für einen Augenblick unterbrach, sah ich ein fettes, ältliches Weib die Straße herunterwatscheln. Die Frau trug das kleinste aller Lendentücher und rauchte eine dünne, lange schwarze Pfeife. Auf ihrem grauen Kraushaar balancierte sie eine winzige Kalebasse. Als sie den Fuß der Treppe erreicht hatte, klopfte sie ihre Pfeife aus und hängte sie sorgfältig an die Schnur, die um ihre umfangreiche Taille geschlungen war, ehe sie zur Veranda emporkletterte.

«Willkommen, Mammy», rief ich.

Sie hielt an und grinste zu mir herauf.

Dann erwiderte sie meinen Gruß und fuhr fort, ihren Körper von Stufe zu Stufe emporzustemmen, wobei sie vor Anstrengung keuchte und schnaufte. Als sie mich erreicht hatte, stellte sie die Kalebasse vor mir nieder und lehnte sich, nach Atem ringend, mit dem Rücken gegen die Mauer.

«Du sein müde, Mammy?» fragte ich.

«Wha! Massa, ich werden viel sehr dick», erklärte sie.

«Dick?» rief ich schockiert. «Du werden nicht dick, Mammy. Du werden nicht dicker als ich.»

Sie lachte ausgiebig, und ihr riesiger Körper bebte.

«Nein, Massa, du machen Spaß mit mir.»

«Nein, Mammy, ich sprechen wahr, du sein klein Frau.»

Sie taumelte gegen die Mauer und erstickte fast vor Lachen bei dem Gedanken, eine kleine Frau genannt zu werden, wobei ihr dicker Bauch und ihre enormen Brüste nur so wogten. Als sie sich endlich von dem Spaß erholt hatte, zeigte sie auf die Kalebasse.

«Ich dir Fleisch bringen, Massa.»

«Na, was für Sorte Fleisch?»

«Na, Schlange, Massa.»

Ich entstöpselte die Kalebasse und schaute hinein. Auf dem Boden lag zusammengeringelt eine dünne, braune Schlange, die ungefähr zwanzig Zentimeter lang war. Ich erkannte eine Typhlops, eine Art blinder Schlange, die ihr Leben unter der Erde verbringt. Sie gleicht der Blindschleiche im Aussehen und ist völlig harmlos. Ich besaß schon eine ganze Kiste voll von diesen Reptilien, aber ich hatte meine dicke Freundin so ins Herz geschlossen, daß ich sie nicht durch eine Absage enttäuschen wollte.

«Wieviel wollen du für dies Fleisch, Mammy?» fragte ich.

«Eh, Massa mir zahlen, was er denken.»

«Schlange keine Wunde haben?»

«Nein, Massa, gar keine.»

Ich kippte die Kalebasse um, und die Schlange fiel auf den glatten Zementboden. Die Frau flüchtete mit einer für eine so umfangreiche Person erstaunlichen Eile an das andere Ende der Veranda.

«Sie dich beißen, Massa», rief sie warnend aus.

Jakob, der aufgetaucht war, um zu sehen, was los sei, warf der Alten wegen dieser Bemerkung einen vernichtenden Blick zu.

«Du nicht wissen, daß Massa das Ding nicht fürchten?» fragte er. «Massa haben Juju, so diese Art Schlange ihn nicht beißen.»

«Ah, sein das so?» sagte die Frau.

Ich beugte mich hinunter und hob die Typhlops auf, um sie näher zu untersuchen und festzustellen, ob sie unverletzt sei. Ich hielt ihren Körper vorsichtig zwischen Daumen und Zeigefinger, und sie wand sich um meinen Finger. Als ich sie betrachtete, bemerkte ich etwas Seltsames. Sie hatte ein Paar großer, glitzernder Augen, was keine Typhlops je besessen hat. Obwohl erschrocken über diese Wahrnehmung, hielt ich blöderweise das Reptil noch immer lose in der Hand, während ich zu Jakob sagte:

«Schau, Jakob, diese Schlange haben Augen.»

Während ich sprach, wurde mir plötzlich klar, daß ich keine harmlose Typhlops vor mir hatte, sondern eine nicht identifizierte Schlange mit unbekannten Möglichkeiten. Noch ehe ich meine Hand öffnen und sie fallen lassen konnte, wand sich die Schlange herum und grub ihren Fang in meinen Handballen.

Ich kann mich nicht entsinnen, je einen so unmittelbaren Schock verspürt zu haben. Der Biß selbst war ein Nichts – ein Nadelstich, dem ein leichtes Brennen folgte, ähnlich dem Stich einer Wespe. Ich ließ die Schlange fallen und drückte meinen Daumen so fest wie möglich aus, das Blut quoll aus der Wunde, und als ich weiterpreßte, fielen mir drei Dinge ein. Erstens, daß es kein Schlangenserum in Kamerun gab, zweitens, daß der nächste Arzt ungefähr fünfundvierzig Kilometer entfernt wohnte, und drittens, daß keine Möglichkeit bestand, zu ihm zu gelangen.

Diese Gedanken machten mir das Herz nicht leichter; ich saugte mit aller Macht an dem Biß und preßte zugleich so fest wie möglich die Daumenwurzel ab. Als ich mich umblickte, entdeckte ich, daß Jakob verschwunden war, doch als ich gerade in ein Wutgebrüll ausbrechen wollte, kam er auf die Veranda zurückgeeilt, in der einen Hand eine Rasierklinge, in der anderen mehrere Binden. Unter meinen heftig hervorgestoßenen Anweisungen band er mir das Handgelenk und den Unterarm so fest wie möglich ab, dann reichte er mir mit einer neugierigen Geste die Rasierklinge.

Mir war nie vorher klargeworden, wieviel Entschlossenheit dazu gehört, sich selbst mit einer Rasierklinge aufzuschlitzen, noch, wie scharf eine Rasierklinge sein kann. Nach einem schrecklichen Augenblick des Zögerns hieb ich auf meine Hand los und entdeckte, daß ich mir einen scheußlichen und unnötigen Schnitt ungefähr einen Zentimeter von dem Biß entfernt beigebracht hatte, an einer Stelle, wo dies völlig sinnlos war.

Ich versuchte es noch einmal mit dem gleichen Resultat und dachte düster, daß, wenn ich nicht an dem Biß stürbe, ich wahrscheinlich an meiner Ersten Hilfe verbluten würde. Rachsüchtig gedachte ich all der Bücher, die darüber Auskunft gaben, wie man Schlangenbisse behandelt.

Jedes – ohne Ausnahme – erklärt, wie man den Biß bis zur vollen Tiefe der Fangzähne einschneidet. Es ist ganz leicht, so etwas zu schreiben, aber es ist wesentlich schwerer, es erfolgreich in die Tat umzusetzen, wenn es sich um den eigenen Daumen handelt, den man aufschlitzen soll. Wenn ich nicht fortfahren wollte, auf meine Hand einzuhacken, in der Hoffnung, den Biß früher oder später zu treffen, blieb mir nur eines zu tun übrig: Ich stellte die Klinge sorgfältig auf meinen Daumenballen, und indem ich die Zähne zusammenbiß, drückte und zog ich, so fest ich konnte. Das hatte Erfolg, und das Blut strömte frei in alle Richtungen. Als nächstes, entsann ich mich, mußte übermangansaures Kali verwendet werden, und so streute ich einige Körner davon in die klaffende Wunde und wand ein sauberes Taschentuch darum. Mittlerweile waren Hand, Handgelenk und die Drüsen in der Achselhöhle stark angeschwollen, und ich verspürte in meinem Daumen stechende Schmerzen, von denen ich nicht sagen konnte, ob sie von dem Biß oder von meiner Operation herrührten.

«Massa gehen zu Doktor?» fragte Jakob und starrte auf meine Hand.

«Wie sollen ich zu Doktor gehen?» fragte ich gereizt. «Wir keinen Wagen haben an diesem Ort. Du denken wohl, ich laufen?»

«Massa bitten Fon um kleinen Lastwagen», schlug Jakob vor.

«Kleinen Lastwagen!» wiederholte ich hoffnungsvoll. «Der Fon haben kleinen Lastwagen?»

«Ja, Sah.»

«Dann du gehen ihn fragen sofort.»

Jakob galoppierte die Treppe hinunter und über den großen Hof, während ich auf dem Balkon auf und ab schritt. Plötzlich fiel mir ein, daß ich in meinem Schlafzimmer noch eine große und unberührte Flasche französischen Cognac hatte, und ich eilte hinein, sie zu suchen. Es war mir gerade gelungen, den Stöpsel herauszuziehen, als ich mich entsann, daß alle Bücher über Schlangenbisse in bezug auf Spirituosen eiserne Unbeugsamkeit zeigten. Alle waren darüber einig, daß nach einem Schlangenbiß unter keiner Bedingung Alkohol getrunken werden dürfe. Anscheinend beschleunigt er die Herztätigkeit und tut einem sonst noch die seltsamsten Dinge an.

Einen Augenblick zögerte ich, die Flasche mit der Hand umklammernd, dann entschied ich, daß, wenn ich schon sterben müsse, ich ebensogut glücklich sterben könne.

Ich hob die Flasche zum Mund und trank. Durchwärmt und ermutigt, trabte ich wieder auf die Veranda hinaus und nahm die Flasche mit mir.

Eine große Menschenmenge, angeführt von Jakob und dem Fon, eilte über den Hof. Alle gingen zu einer großen Hütte, der Fon riß die Tür auf, und die Menge strömte hinein. Unmittelbar darauf erschienen die Leute wieder und schoben einen uralten, ramponierten kleinen Lastwagen vor sich her. Sie rollten ihn durch den Torbogen auf die Straße, und dort verließ sie der Fon und eilte, von Jakob gefolgt, die Stufen zu mir herauf.

«Mein Freund», keuchte der Fon, «das sein böses Palaver!»

«Na ja», gab ich zu.

«Dein Boy mir sagen, du nicht haben europäische Medizin für diese Art Biß, sein das so?»

«Ja, das sein so. Vielleicht Doktor haben Medizin. Ich nicht wissen.»

«Gott helfen, und er Medizin haben», sagte der Fon gläubig.

«Du mit mir trinken?» fragte ich und schwenkte die Cognacflasche.

«Ja, ja», sagte der Fon, und sein Gesicht verklärte sich, «wir trinken. Trinken sein gute Medizin für diese Art Ding.»

Jakob brachte Gläser, und ich goß uns beiden ein ausgiebiges Quantum ein. Dann gingen wir zur Treppe, um zu sehen, was für Fortschritte die Vorbereitungen für den Krankentransport machten.

Der kleine Lastwagen hatte so lange unbenützt in der Hütte gestanden, daß seine Innereien völlig eingerostet zu sein schienen. Unter den sanften Manipulationen des Fahrers hustete der Motor ein paarmal und rührte sich dann nicht mehr. Die Menge umringte das Gefährt und gab weise Lehren, während er sich aus dem Fenster lehnte und sie beschimpfte. Das ging eine Weile so weiter, dann kletterte der Fahrer heraus und versuchte anzukurbeln. Das hatte noch weniger Erfolg, und als er ganz erschöpft war, reichte er die Kurbel einem Ratsherrn und setzte sich auf dem Trittbrett zur Ruhe. Der Ratsherr raffte sein Gewand in die Höhe und kämpfte mannhaft mit der Kurbel, aber auch er war nicht imstande, den Motor zum Leben zu erwecken.

Die Schar der Zuschauer war nun auf fast fünfzig Personen angewachsen, die alle einmal an die Reihe kommen wollten, und so übergab ihnen der Ratsherr die Arbeit, während er sich zu dem Fahrer auf das Trittbrett setzte. Ein rücksichtsloser Kampf brach aus, wer zuerst drankomme. Jeder schrie und stieß und riß dem anderen die Kurbel fort.

Das Gebrüll erregte die Aufmerksamkeit des Fon; er leerte sein Glas und stelzte mit finsterem Gesicht an das Geländer der Veranda. Er beugte sich darüber und glotzte auf die Straße.

«Wah!» brüllte er plötzlich. «Ihr gleich-gleich Motor starten!»

Die Menge erstarrte in Schweigen, und alle schauten zur Veranda empor, während der Fahrer und das Ratsmitglied vom Trittbrett in die Höhe fuhren und mit erstaunlicher Initiative zur Haube des Wagens liefen. Als sie dort ankamen, fehlte zu ihrem Kummer die Kurbel. Das Gebrüll ging von neuem los, denn jeder beschuldigte jeden, sie verlegt zu haben. Schließlich wurde sie gefunden, und die zwei machten einige weitere vergebliche Versuche, den Motor in Gang zu bringen.

Mittlerweile fühlte ich mich hundeelend und keineswegs wie ein Held. Meine Hand und mein Unterarm waren stark angeschwollen, entzündet und schmerzten sehr. Ich hatte auch stechende Schmerzen in den Schultern, und meine Hand fühlte sich an, als umklammere sie glühende Kohle.

Ich würde eine Stunde brauchen, um den Arzt zu erreichen, und wenn der kleine Lastwagen nicht bald losfahren konnte, hätte es wenig Zweck, überhaupt noch zu fahren. Der Chauffeur, der sich bei seinen Kurbelversuchen fast einen Bruch zugezogen hatte, wurde plötzlich von einer glanzvollen Idee erleuchtet: Man müßte den Wagen schieben! Er setzte seinen Plan der Menge auseinander, die ihn mit Entzücken und Beifall aufnahm. Der Fahrer stieg ein, die Menge versammelte sich hinter dem Wagen und begann, ihn zu schieben. Rhythmisch schnaufend, schoben alle den Lastwagen langsam die Straße hinunter und dann um die Ecke, wo er unseren Blicken entschwand.

«Bald er starten», lächelte der Fon ermunternd und goß mir noch etwas Cognac ein, «dann du werden Doktor sofort erreichen.»

«Du denken, er starten?» fragte ich skeptisch.

«Ja, ja, mein Freund», sagte der Fon mit gekränkter Miene, «na dieser mein Lastwagen sein foin. Er werden starten in klein Zeit, du nicht Angst haben.»

Gleich darauf hörten wir das Schnaufen wieder, und als wir über das Geländer blickten, sahen wir den kleinen Lastwagen an der Ecke auftauchen, noch immer geschoben von der gesamten Einwohnerschaft Bafuts. Er kroch wie eine Schnecke auf uns zu. Gerade als er den Fuß der Treppe erreicht hatte, spuckte der Motor ein paarmal vorbereitend und erwachte dann brüllend zum Leben. der Haufe kreischte vor Entzücken und fing an, wie wild auf der Straße herumzuhopsen.

«Er na starten», erklärte der Fon für den Fall, daß ich den Grund für den Begeisterungstaumel nicht kapiert haben sollte.

Der Chauffeur lenkte den Wagen durch den Torbogen in den Hof, wendete und fegte wieder auf die Straße hinaus, indem er ungeduldig hupte und seine bisherigen Helfer beinahe überfuhr. Der Fon und ich leerten unsere Gläser und schritten dann die fünfundsiebzig Stufen hinab. Unten angekommen, drückte mich der Fon an seine Brust und blickte mir voller Ernst ins Gesicht. Es war klar, daß er mir etwas sagen wollte, das mich auf meiner Reise ermutigen und aufrichten könnte. Er dachte einen Augenblick tief nach.

«Mein Freund», sagte er schließlich, «wenn du sterben, ich traurig sein viel sehr.»

Da ich meiner Stimme nicht traute, drückte ich in angemessener Ergriffenheit seine Hand, kletterte in den kleinen Lastwagen, und los ging's. Wir hüpften und ratterten die Straße hinunter, während der Fon und seine Untertanen in einer dichten, roten Staubwolke zurückblieben.

Dreiviertel Stunden später fuhren wir mit eindrucksvoll quietschenden Bremsen bei dem Haus des Doktors vor. Der Arzt stand draußen und betrachtete finsteren Gesichts ein Blumenbeet. Er sah mir erstaunt entgegen, als ich auftauchte, und während er mich begrüßte, blickte er mir aufmerksam ins Gesicht.

«Was hat Sie gebissen?» forschte er.

«Woher wissen Sie, daß ich gebissen worden bin?» fragte ich, reichlich erstaunt über seine schnelle Diagnose.

«Ihre Pupillen sind kolossal erweitert», erklärte der Arzt mit beruflicher Selbstgefälligkeit. «Was war es?»

«Eine Schlange. Ich weiß nicht, was für eine, aber es schmerzt teuflisch. Ich fürchte, es hatte nicht viel Zweck, zu Ihnen zu kommen. Es ist doch kein Serum da – oder?»

«Nun», entgegnete er zufrieden, «ist das nicht merkwürdig? Als ich das letzte Mal auf Urlaub war, habe ich etwas Serum besorgt. Dachte, es könnte von Nutzen sein. Es liegt seit sechs Monaten im Eiskasten.»

«Gott sei Lob und Dank!»

«Kommen Sie ins Haus, mein Lieber. Ich bin sehr neugierig, ob es wirkt.»

«Ich auch», gab ich zu.

Wir gingen ins Haus, und ich setzte mich in einen Sessel, während der Arzt und seine Frau sich mit reinem Alkohol, Injektionsspritzen und den übrigen für die Operation nötigen Hilfsmitteln beschäftigten.

Dann verabreichte mir der Doktor drei Einspritzungen in den Daumen, so nahe dem Biß wie möglich, und einige in den Arm. Sie taten mir viel ärger weh, als es der ursprüngliche Biß getan hatte.

«Ist Ihnen etwas schwindlig?» fragte der Arzt frohgemut und fühlte meinen Puls.

«Mir ist verdammt elend davon», antwortete ich bitter.

«Was Sie brauchen, ist ein guter, steifer Whisky.»

«Ich dachte, man dürfe keinen Alkohol trinken?»

«O doch, er wird Ihnen nicht schaden», sagte er und goß mir ein Glas randvoll. Ich kann mich nicht entsinnen, daß mir je ein Getränk so gut geschmeckt hat.

«Und nun», fuhr der Doktor fort, «werden Sie die Nacht im Gästezimmer verbringen. In fünf Minuten müssen Sie im Bett sein. Sie können vorher ein Bad nehmen, wenn Sie wollen.»

«Kann ich nicht nach Bafut zurück?» fragte ich. «Ich habe alle meine Tiere dort und eigentlich niemanden, der es versteht, sie zu versorgen.»

«Es kann keine Rede davon sein, in Ihrem Zustand nach Bafut zurückzukehren und Tiere zu versorgen», sagte er streng. «Keine Gegenargumente, marsch ins Bett! Sie können am Morgen zurückfahren, wenn ich Sie wohl genug finde.»

Zu meiner Überraschung schlief ich tief und fest, und als ich am nächsten Tag erwachte, fühlte ich mich außergewöhnlich wohl, obgleich mein Arm noch geschwollen und etwas empfindlich war. Ich frühstückte im Bett, und dann erschien der Doktor, um nach mir zu sehen.

«Wie fühlen Sie sich?» fragte er.

«Ausgezeichnet. Ich fühle mich so wohl, daß ich fast glaube, die Schlange sei harmlos gewesen.»

«Nein, sie war zweifellos giftig. Sie sagten, daß sie Sie nur mit einem Fang erwischt habe, und Sie haben sie wahrscheinlich so schnell fallenlassen, daß sie nicht imstande war, ihr ganzes Gift zu verspritzen. Andernfalls wäre die Geschichte übel ausgegangen.»

«Kann ich nach Bafut zurückfahren?»

«Ja, wenn Sie sich kräftig genug fühlen; aber ich glaube kaum, daß der Arm in den nächsten ein, zwei Tagen sehr gebrauchsfähig sein wird. Auf jeden Fall kommen Sie wieder, wenn er Ihnen Beschwerden verursacht.»

Getrieben von dem Gedanken an meine wertvolle Tiersammlung in Bafut, die nicht gefüttert und nicht gereinigt worden war, hetzte ich den unglücklichen Chauffeur so, daß er uns in Rekordzeit zurückbrachte.

Als wir bei der Villa vorfuhren, sah ich eine Gestalt auf der untersten Stufe sitzen. Es war meine dicke Freundin vom vergangenen Tage.

Sie rappelte sich empor und watschelte auf mich zu.

«Nun, was du wollen?» fragte ich ungeduldig, denn ich konnte es kaum erwarten, zu meinen Tieren zu kommen.

«Massa vergessen?» forschte sie verblüfft.

«Was vergessen, Mammy?»

«Aber, Massa», sagte sie vorwurfsvoll, «Massa mir nicht die schöne Schlange bezahlen, die ich gestern bringen.»

NEUNTES KAPITEL

Der Fon und die Goldkatze

Mein Aufenthalt in Bafut ging seinem Ende entgegen. Ich hatte eine große Anzahl lebender Tiere beisammen, und es war an der Zeit, sie alle in das Hauptlager zu schaffen, damit sie in passende Käfige kommen und transportfähig gemacht werden konnten. Schweren Herzens ließ ich alle Jäger wissen, daß ich in einer Woche reisen würde, denn ich wollte verhindern, daß sie noch weitere Tiere brächten, nachdem ich fort war. Ich bestellte den Lastwagen und sandte Nachricht an Smith, er solle mich erwarten. Als der Fon diese Neuigkeit hörte, kam er mit einer Flasche Gin herübergeeilt und versuchte, mich mit allen Mitteln zum Verweilen zu bewegen. Aber ich erklärte ihm, daß ich nicht länger bleiben könne, so gern ich es täte. Unsere Rückreise sei gebucht, und folglich müsse die ganze Sammlung zum vorgeschriebenen Datum bereit sein, um flußab zu fahren. Jede Verzögerung hieße Gefahr laufen, das Schiff zu versäumen, und es wäre denkbar, daß vor Ablauf mehrerer Monate kein anderes ginge – ein Aufschub, dem das Budget der Expedition nicht gewachsen sei.

«Ah, mein Freund, ich viel sehr traurig, du gehen», sagte der Fon, und der Gin plätscherte lustig wie der Strahl eines Springbrunnens in mein Glas.

«Ich auch viel sehr traurig», erwiderte ich wahrheitsgetreu, «aber es sein nicht möglich, länger in Bafut bleiben.»

«Du werden an Bafut denken», sagte der Fon und wies mit seinem langen Finger auf mich. «Du werden denken, Bafut schön. Du viel schön Fleisch bekommen, nicht wahr?»

«Nun ja», sagte ich und deutete auf die große Anzahl von Käfigen. «Ich haben viel-viel Fleisch in Bafut bekommen.»

Der Fon nickte beglückt. Dann neigte er sich zu mir und ergriff meine Hand.

«Wenn du gehen in dein Land, du werden dein Leute vielleicht sagen, der Fon von Bafut sein dein Freund, und er dir all dies schön Fleisch besorgen, eh?»

«Ich werden es allen sagen», versprach ich. «Ich werden ihnen sagen, der Fon sein guter Jäger, besser als alle Jäger in Kamerun.»

«Foin, foin!» sagte der Fon begeistert.

«Nur ein Fleisch ich nie hier bekommen», sagte ich. «Ich viel sehr traurig.»

«Nun, was sein das, mein Freund?» fragte er und beugte sich besorgt vor.

«Die große Buschkatze. Sie haben Fell wie Gold und Fleck-Fleck auf Bauch. Ich dir zeigen Fotos, du dich erinnern?»

«Ah, das Fleisch! Du sprechen wahr. Dies Fleisch du nicht bekommen.»

Er verfiel in düsteres Schweigen und blickte finsteren Gesichts auf die Ginflasche. Ich überlegte, ob die Erwähnung dieser Lücke in meiner Sammlung nicht ein wenig taktlos gewesen sei. Das Tier, auf das ich angespielt hatte, war die Goldkatze, eines der kleineren, aber der schönsten Mitglieder der Katzenfamilie in diesem Teil Afrikas. Ich wußte, daß sie um Bafut herum recht häufig vorkam, aber die Jäger behandelten sie mit mehr Respekt als den Serval und den Leoparden, die beide wesentlich größer sind. Wann immer ich das Bild dieses Tieres den Jägern zeigte, hatten sie gekichert, den Kopf geschüttelt und mir versichert, daß es außergewöhnlich schwer zu fangen sei, weil es «viel sehr wild» und «viel-viel klug» sei. Umsonst hatte ich große Belohnungen ausgesetzt, nicht nur auf sein Ergreifen, sondern sogar für Nachrichten über seinen Aufenthaltsort. Da mir nun kaum noch eine Woche bis zu meiner Abreise blieb, hatte ich die Hoffnung aufgegeben, eine Goldkatze meiner Sammlung einzuverleiben.

Der Fon zwinkerte mir zu und lehnte sich mit einem Grinsen zurück, das ansteckend wirkte.

«Ich dir das Fleisch verschaffen», sagte er und nickte verheißungsvoll.

«Aber, mein Freund, in fünf Tagen ich Bafut verlassen. Wie du fangen das Fleisch in fünf Tagen?»

«Ich es fangen», sagte der Fon mit Nachdruck. «Du klein Zeit warten, dann du sehen. Ich dir fangen das Fleisch.»

Er weigerte sich, mir die Methode zu verraten, mit der er dieses Wunder vollbringen wollte. Aber er war seiner Sache so sicher, daß ich mich fragte, ob er nicht wirklich imstande sein werde, mir ein solches Tier zu verschaffen. Als jedoch der Tag vor meiner Abreise heraufdämmerte und noch nichts von einer Goldkatze zu sehen war, ließ ich alle Hoffnung fahren. In seiner Begeisterung hatte der Fon ein Versprechen gegeben, das er nicht halten konnte.

Es war ein kühler, verhangener Tag, denn dort in den Bergen setzt die Regenzeit früher ein als in der Ebene. Die tiefen, eilenden, schiefergrauen Wolken, das feine Nieseln, das gelegentliche Grollen des Donners in den fernen Bergen, all das trug nicht dazu bei, die Depression zu vermindern, die mich beim Gedanken an den Abschied von Bafut ergriffen hatte.

Ich hatte dieses stille Grasland und seine Bewohner ins Herz geschlossen. Den Fon hatte ich bewundern und lieben gelernt und war ehrlich betrübt, von ihm Abschied nehmen zu müssen. Er war ein amüsanter und charmanter Gesellschafter gewesen.

Gegen vier Uhr ging das feine Nieseln in einen heftigen Guß über, der die Landschaft verschleierte, auf das Dach der Villa und auf die Wedel der umstehenden Palmen trommelte und die rote Erde des großen Hofes in einen blutigroten Lehmsee verwandelte, den der niederprasselnde Regen mit Pockennarben sprenkelte. Ich hatte das Füttern und Reinigen meiner Sammlung beendet, wanderte griesgrämig auf der Veranda auf und ab und beobachtete, wie der Regen die scharlachroten Bougainvilleablüten an die Ziegelmauer peitschte. Mein Gepäck war fertig, und die Käfige standen aufgestapelt, bereit, auf den Lastwagen geladen zu werden.

Als ich so auf die Straße hinunterblickte, sah ich einen Mann im Trab daherkommen; er rutschte und schlitterte über den nassen Lehm, und auf dem Rücken trug er einen großen Sack. Ich hoffte, er werde mir noch irgendein seltenes Exemplar bringen und so meinen Trübsinn aufheitern. Begierig erwartete ich sein Kommen, aber zu meinem Ärger bog er in die Einfahrt ein, stapfte durch die Pfützen des großen Hofes und verschwand durch das gewölbte Tor, das in den Wohnteil des Fon führte. Bald nachdem er meinen Blicken entschwunden war, brach ein großer Lärm in der Nähe der kleinen Villa des Fon los, erstarb aber nach wenigen Minuten, und alles, was ich hörte, war der Regen. Einsam ging ich meinen Tee trinken und beendete dann die Fütterung der Nachttiere. Da der Fon den Abend bei mir zu verbringen gedachte, wollte ich alles erledigen, ehe er kam. Als ich meine Arbeit beendet hatte, war der Regen in ein feines Nieseln übergegangen, und durch die Risse der tiefziehenden grauen Wolken lugte der Himmel in blassem, wäßrigem Blau. Innerhalb einer Stunde waren alle Wolken verschwunden, und der Himmel erstrahlte rein und klar im Abendsonnenschein. Beim Hause des Fon begann plötzlich eine kleine Trommel zu schlagen, deren Ton allmählich anschwoll. Das Tor in den Hof tat sich auf, und eine kleine Prozession zog hindurch. Voran schritt der Fon, angetan mit einem herrlich scharlachroten und weißen Gewand, und umging behutsam die glänzenden Pfützen. Ihm folgte der Fremde, den ich im Regen gesehen hatte und der noch immer den Sack auf dem Rücken trug. Hinter ihm gingen vier Ratsherren, und am Ende der Prozession trabte ein kleiner Junge in weißem Gewand und winziger Kappe, der voller Wichtigkeit auf eine kleine Trommel einschlug. Der Fon wollte mir offensichtlich den letzten Besuch mit einem gewissen Pomp abstatten. Ich eilte die Treppe hinunter, um ihn zu begrüßen. Er blieb vor mir stehen, legte mir die Hände auf die Schultern und blickte mir mit höchst eindrucksvollem Ernst ins Gesicht.

«Mein Freund», sagte er langsam und feierlich, «ich was für dich haben.»

«Nun, was sein das?» fragte ich.

Der Fon schlug mit königlicher Gebärde seine weiten Ärmel zurück und zeigte auf den Mann mit dem Sack.

«Buschkatze!» sagte er.

Einen Augenblick war ich verwirrt; dann fiel mir plötzlich das Tier ein, das er mir versprochen hatte.

«Buschkatze? Die Sorte, die ich viel-viel sehr wollen haben?» fragte ich und wagte kaum, es zu glauben.

Der Fon nickte mit der ruhigen Selbstgefälligkeit eines Mannes, dem seine Aufgabe gelungen ist.

«Laß mich sehen!» rief ich aufgeregt. «Schnell, du öffnen Sack!»

Der Mann legte den Sack vor mich auf den Boden; ich kniete im Schlamm nieder, gänzlich uneingedenk der sauberen Hose, die ich zu Ehren des Fon angezogen hatte, und kämpfte mit der widerspenstigen Schnur, mit der der Sack zugebunden war. Der Fon stand dabei und strahlte wie ein gütiger Sankt Nikolaus auf mich herab. Die Schnur war naß und fest verknotet, und als ich an ihr zog und zerrte, drang aus dem Sack ein unheimlich wilder Schrei: Er fing wie ein rasselndes Stöhnen an, wurde lauter und entwickelte sich zu einem durchdringenden Gebrüll mit einem so bösartigen Unterton, daß es mir kalt über den Rükken lief. Der Jäger, die Ratsherren und der Junge mit der Trommel wichen ein paar Schritte zurück.

«Vorsicht, Massa», warnte der Jäger, «dies sein viel schlecht Fleisch. Es haben viel sehr Kraft.»

«Du haben Schnur um Beine getan?» fragte ich, und er nickte.

Ich wickelte das letzte Stück Schnur ab, öffnete dann langsam den Sack und sah hinein.

Ein Gesicht von solcher Schönheit starrte mir entgegen, daß es mir den Atem benahm. Das Fell war kurz, glatt und von dem satten Goldbraun wilden Honigs. Die gespitzten Ohren lagen flach am Schädel an, und die Oberlippe war in feinen Falten von dem milchweißen Gebiß und dem rosigen Gaumen zurückgezogen. Aber was mir vor allem auffiel, waren die Augen: Groß und etwas schief saßen sie in dem goldenen Haupt und starrten mir mit so kalter Wut entgegen, daß ich froh war, die Beine des Tieres gefesselt zu wissen. Diese Augen waren grün – grün wie Blätter unter Eis –, und sie glitzerten wie Glimmer in der Abendsonne. Eine Sekunde starrten wir einander an, dann fletschte die Goldkatze noch wilder die Zähne, öffnete das Maul und stieß wiederum einen jener lauten und erschreckenden Schreie aus.

Hastig schnürte ich den Sack zu, denn ich wußte ja nicht, ob ihre Fesseln wirklich stark genug waren. Nach dem Ausdruck ihrer Augen zu schließen, wäre die Katze nicht gerade sanft mit mir verfahren, wenn sie sich hätte befreien können.

«Du sie mögen?» fragte der Fon.

«Wha! Ich lieben dieses Fleisch viel sehr», erwiderte ich.

Wir trugen den kostbaren Sack auf die Veranda hinauf, und ich warf schleunigst ein anderes Tier aus dem größten und widerstandsfähigsten

Käfig hinaus, den ich besaß. Dann schüttelten wir die Goldkatze vorsichtig aus dem Sack, rollten sie in den Käfig hinein und schlossen und verriegelten die Tür. Sie lag auf der Seite, zischte und fauchte, konnte sich aber nicht bewegen, da ihre Vorder- und Hinterbeine mit einer festen Raffiaschnur sorgfältig gefesselt waren. Mit Hilfe eines am Ende eines Stockes befestigten Messers gelang es mir, die Schnüre zu durchschneiden, und als sie abfielen, war die Katze mit einer einzigen geschmeidigen Bewegung auf den Beinen, sprang gegen die Gitterstäbe, streckte eine dicke goldene Pfote hindurch und versuchte, mir ins Gesicht zu schlagen. Ich konnte mich gerade noch rechtzeitig zurückziehen.

«Aha!» sagte der Fon und lachte in sich hinein, «dies Fleisch werden viel sehr böse.»

«Es können Mann im Nu zerreißen», sagte der Jäger.

«Es haben Kraft», bestätigte der Fon mit einem Nicken. «Es haben große Kraft in Pfote. Du passen auf, mein Freund, sonst es dich verwunden.»

Ich schickte in die Küche hinunter nach einem Hühnchen, und ließ das eben geschlachtete und noch warme Tier vor den Gitterstäben hin- und herbaumeln. Wieder fuhr eine goldene Pfote zwischen den Stäben hindurch, weiße Krallen gruben sich in den toten Vogel und rissen ihn gegen das Gitter. Die Katze beugte sich vor, erfaßte den Hals des Huhns, und mit schnellem Schwung verschwand die Beute im Käfig. Wolken von Federn flogen zwischen den Stäben hindurch, als die Goldkatze zu fressen begann. Diskret verhängte ich die Vorderseite des Käfigs mit einem Sack, damit sie in Ruhe ihr Mahl genießen konnte.

«Wie du gemacht, dies Fleisch fangen?» erkundigte ich mich bei dem Jäger. Er grinste und krümmte seine Zehen vor Verlegenheit.

«Du nicht hören?» fragte der Fon. «Du nicht haben Mund? Du gleich sprechen!»

«Massa», fing der Mann an und kratzte sich den Bauch, «der Fon mir sagen, Massa wollen haben viel sehr dies Sorte Fleisch, und so ich gehen drei Tage in Busch und suchen. Ich geh-gehen, ich werden viel sehr müde, aber nie ich sehen Fleisch. Gestern abend dies Buschkatze kommen leise auf mein Hof und schlagen drei Hühner. Heute morgen ich sehen ihr Fuß in Lehmerde und ich ihr folgen in Busch. Ich ihr folgen viel sehr lange, Massa, und dann, vor ein groß Hügel, ich sie sehen.»

Der Fon wetzte auf seinem Stuhl herum und fixierte den Mann mit glänzenden Augen.

«Du sprechen wahr?» fragte er ernst.

«Ja, Massa», versicherte der Jäger, «ich sprechen wahr.»

«Gut», sagte der Fon.

«Ich sehen Buschkatze», fuhr der Mann fort. «Sie gehen zu groß Hügel. Dann sie gehen, wo viel-viel Felsen. Sie gehen zu Loch in Boden. Ich ansehen dies Loch, aber Mann nicht können hinein – es sein viel sehr eng. Ich gehen zurück zu mein Haus und holen guten Hund und Fangnetz, dann ich gehen zurück an Platz. Dann ich tun Fangnetz vor Loch, und dann ich machen klein Feuer und tun Rauch in Loch.»

Er stockte, hüpfte auf einem Bein und schnippte mit den Fingern.

«Wha! Das Fleisch viel sehr wild. Es Rauch riechen, es machen groß Hallo-Hallo. Mein Hund fürchten und rennen. Ich fürchten, Buschkatze mich fangen, und auch rennen. Klein Zeit danach, ich hören das Fleisch machen noch mehr groß Hallo-Hallo, und so ich gehen leise-leise nachschauen. Wha! Massa, das Fleisch, es rennen, rennen in Fangnetz, und Fangnetz bleiben fest. Wie ich es sehen in Fangnetz, ich nicht mehr Angst, und ich gehen und binden Füße mit Schnur, und ich es bringen für Massa.»

Der Mann hatte seine Geschichte beendet, beobachtete mich ängstlich und drehte seinen kurzen Speer zwischen beiden Händen.

«Mein Freund», sprach ich zu ihm, «ich denken, du großer Jäger, und ich dir zahlen gutes Geld für dies Fleisch.»

«Ja, so es sein», stimmte der Fon zu und winkte hoheitsvoll, «dieser Mann gut Jagd für dich machen.»

Ich zahlte ihm eine schöne Summe aus und schenkte ihm mehrere Päckchen Zigaretten. Er entfernte sich grinsend und rief: «Danke, Massa, danke!» auf dem Weg treppab und die Straße hinunter, bis er außer Hörweite war. Dann wandte ich mich dem Fon zu, der mich mit selbstzufriedener Miene, lässig zurückgelehnt, beobachtete.

«Mein Freund, ich danke dir viel sehr für was du tun», sagte ich.

Der Fon winkte mit den Händen ab.

«Nein, nein, mein Freund, klein Sache das. Es nicht gut, wenn du verlassen Bafut und nicht bekommen alles Fleisch, du wollen. Ich viel sehr traurig, du gehen fort. Aber wenn du sehen dies schöne Fleisch, du denken an Bafut, sein nicht so?»

«Sein so», bestätigte ich. «Und nun, mein Freund, du werden mit mir trinken?»

«Foin, foin», sagte der Fon.

Als ob ich für die Trübseligkeit der ersten Tageshälfte entschädigt werden sollte, war der Sonnenuntergang einer der schönsten, die ich je gesehen habe. Die Sonne versank hinter einem Gitter blasser, langgestreckter Wolken, und während sie unterging, färbten sich diese Wolken von Weiß zu Zartrosa und erröteten dann in einem goldumrandeten Purpur. Der Himmel selbst war lichtblau und grün getönt und hie und da mit etwas Gold getupft: Das waren die bleichen, zitternden Sterne, die an Leuchtkraft zunahmen, während die Welt sich verdunkelte. Als dann der Mond aufstieg, der anfangs blutrot war, und später, als er höherstieg, von Gelb zu Silber hinüberwechselte, tauchte er die Erde in kaltes Silber mit Schatten, so schwarz wie Kohle.

Der Fon und ich saßen und tranken im dunstigen Mondlicht, bis es spät wurde. Dann wandte er sich mir zu, indem er auf seine Villa deutete.

«Ich denken, du lieben vielleicht tanzen», sagte er, «darum ich ihnen sagen, sie machen Musika. Du wollen, wir tanzen, ehe du abfahren, eh?»

«Ja, ich viel lieben tanzen», sagte ich.

Der Fon kam mühsam auf die Beine, und indem er sich halsbrecherisch über die Brüstung der Veranda beugte, brüllte er jemandem, der unten wartete, einen Befehl zu. Nach kurzer Zeit näherte sich ein Lichterschwarm über den großen Hof, und des Fons Weiberkapelle versammelte sich unten auf der Straße und begann zu spielen. Bald schlossen sich ihr viele andere Leute an, darunter auch die meisten Ratsmitglieder. Der Fon lauschte ein Weilchen der Musik, bewegte seine Hände im Takt, lächelte, stand dann auf und streckte mir seine Hand entgegen.

«Komm», sagte er, «wir jetzt tanzen, eh?»

«Foin, foin», machte ich ihm nach, und er krähte vor Vergnügen.

Wir schritten über die mondbeschienene Veranda bis zur Treppe. Der Fon schlang seinen langen Arm um meine Schultern, teils aus Liebe, teils auf der Suche nach einer Stütze, und wir begannen hinunterzusteigen. Auf halbem Weg hielt mein Begleiter an, um ein kleines Tänzchen nach der Musik zu wagen. Sein Fuß verfing sich dabei in seinen prunkvollen Gewändern, und hätte er nicht so fest meinen Hals umklammert, wäre er die Stufen hinunter auf die Straße gekollert. Wir kämpften einen Augenblick um unser Gleichgewicht, wobei wir heftig hin- und herschwankten. Den Weibern, Sprößlingen und Ratgebern entfuhr ein Schrei des Entsetzens, als sie ihren Gebieter in solcher Gefahr sahen, und die Kapelle hörte zu spielen auf.

«Musika, Musika!» brüllte der Fon, indes wir gemeinsam auf den Stufen umherschwankten. «Warum ihr aufhören, eh?»

Die Kapelle fing von neuem an, wir gewannen unser Gleichgewicht wieder und legten den Rest des Weges ohne Zwischenfall zurück. Der Fon war in bester Verfassung und bestand darauf, meine Hand zu halten und über den Hof zu tanzen, indem er durch die Pfützen stampfte, während die Kapelle hinterhertrabte und ein wenig kurzatmig spielte. Als wir die Tanzhalle erreicht hatten, ließ er sich zur Erholung auf seinen Thron fallen, während sein Hofstaat sich auf den Tanzboden begab. In einer kleinen Tanzpause bat ich den Fon, er möge die Kapelle herbeirufen, weil ich die Instrumente näher betrachten wollte. Die Musikantinnen kamen zu uns und blieben vor der Estrade, auf der wir saßen, stehen, während ich der Reihe nach jedes Instrument ausprobierte und man mir die korrekte Art, es zu spielen, zeigte. Zu aller Erstaunen – auch meinem eigenen – gelang es mir, die ersten paar Takte von *‹Die Campbells kommen›* auf einer Bambusflöte zu blasen. Der Fon war davon so hingerissen, daß er mich die Stelle nochmals wiederholen ließ, während er mich auf einer großen Trommel, und einer der Ratsherren auf einem seltsamen nebelhornähnlichen Instrument, begleitete. Der Effekt war nicht gerade melodiös, aber unsere Wiedergabe voll Schwung und Gefühl. Dann mußte das Ganze nochmals von vorn wiederholt werden, weil der Fon hören wollte, wie es mit voller Orchesterbegleitung wirke. Tatsächlich klang es recht gut, da alle meine falschen Töne durch die Trommeln erstickt wurden.

Als wir die musikalischen Möglichkeiten der Melodie erschöpft hatten, ließ der Fon eine neue Flasche holen, und wir setzten uns, um den Tänzern zuzusehen. Die Untätigkeit ging meinem Gefährten bald auf die Nerven, und nach einer Stunde fing er an, auf seinem Thron herumzurutschen und die Kapelle finster zu betrachten. Er füllte unsere Gläser nach, lehnte sich zurück und starrte auf die Tänzer.

«Dieser Tanz nicht gut», vertraute er mir schließlich an.

«Doch schön», sagte ich, «warum du ihn nicht mögen?»

«Er viel sehr langsam», erklärte er, und dann beugte er sich vor und lächelte mich entwaffnend an. «Du wollen, wir tanzen dein besonder Tanz?»

«Besonderen Tanz?» fragte ich begriffsstutzig in meinem leichten Rausch. «Was für Tanz?»

«Ein, zwei, drei, hopp – ein, zwei, drei, hopp!» jodelte der Fon.

«Ah, von dem Tanz du sprechen! Ja, wir ihn tanzen, wenn du mögen.»

«Ich mögen viel sehr», sagte der Fon mit Nachdruck.

Er führte mich auf den Tanzboden und umspannte meine Taille mit festem Griff, während alle anderen plappernd und grinsend sich hinten anschlossen. Um ein wenig Abwechslung in die Sache zu bringen, borgte ich mir eine Flöte aus und blies sie zwar laut, aber ungenau, während ich alle in wildem Reigen durch die Tanzhalle und hinaus zwischen die Hütten der Fonschen Frauen führte. Die Nacht war warm, und eine halbe Stunde dieser Leibesübung genügte, um mir den Schweiß aus allen Poren zu treiben und mich nach Luft schnappen zu lassen. Es stand jedoch ganz außer Zweifel, daß mein Conga dem Fon ins Blut gegangen war. Er saß auf seinem Thron, seine Augen glühten, mit den Füßen klopfte er den Takt, summte in seliger Erinnerung vor sich hin und wartete offensichtlich mit schlecht verhehlter Ungeduld, daß ich wieder zu Atem käme. Mir war klar, daß ich ihn auf irgendeine Weise ablenken mußte, denn ich fand den Conga für eine so schwüle Nacht zu strapaziös, und obendrein hatte ich mir bei unserer letzten Runde das Schienbein ziemlich schmerzhaft an einem Türpfosten angeschlagen. Ich zermarterte mein Hirn auf der Suche nach einem weniger anstrengenden Tanz, den ich ihm beibringen konnte und dessen Melodie auch für die Kapelle leicht zu erlernen war. Ich traf meine Wahl und bat mir wieder eine Flöte aus, auf der ich einige Minuten übte. Dann wandte ich mich an den Fon, der mich mit großem Interesse beobachtet hatte.

«Wenn du der Kapelle sagen, sie diese besondere Musik lernen, ich dir dann beibringen einen anderen europäischen Tanz», sagte ich.

«Ah, foin, foin», sagte er mit strahlenden Augen. Er drehte sich um und befahl der Kapelle, still zu sein. Dann stellte er die Musikantinnen um die Estrade herum auf, während ich ihnen die Melodie vorspielte. Erstaunlich schnell hatten sie sie begriffen und fügten sogar einige kleine Variationen hinzu. Der Fon stampfte entzückt mit den Füßen.

«Na foine Musika das», sagte er, «jetzt du mir zeigen dies Tanz, eh?»

Ich schaute umher und wählte mir ein junges Mädchen aus, das mir besonders aufgeweckt vorkam. Ich zog es so dicht an mich, wie es der Anstand gestattete (denn seine Kleidung war nicht vorhanden), und schob mit ihm in einer stürmischen Polka quer über den Tanzboden. Meine Partnerin begriff nach kurzem Zögern den Schritt ausgezeichnet, und wir hüpften und hopsten in blendendem Stil davon. Um seine Anerkennung für den neuen Tanz zu zeigen, fing der Fon zu klatschen an, und sofort fiel der Hofstaat ein. Es begann als ein normaler, unregelmäßiger Applaus, aber da unsere Zuschauer Schwarze waren, klatschten sie weiter und nahmen den Rhythmus des Tanzes auf. Das Mädchen und ich umkreisten fünfmal den großen Tanzboden, dann mußten wir verschnaufen. Als ich die Estrade erreichte, hielt mir der Fon ein bis zum Rande gefülltes Glas Whisky hin und klopfte mir auf den Rücken, als ich mich niedersetzte.

«Das sein foiner Tanz», sagte er.

Ich nickte und goß meinen Drink hinunter. Sobald ich das Glas niedergesetzt hatte, ergriff der Fon meine Hand und zog mich wieder auf den Tanzboden.

«Komm», überredete er mich, «du mir dies Tanz zeigen.»

Einer in den Armen des anderen hüpften wir im Polkaschritt durch den Raum, aber es war kein großer Erfolg, vor allem, weil meine Füße sich in den Gewändern meines Partners verfingen, so daß wir jäh zum Halten gezwungen waren. Wir mußten dann geduldig stehenbleiben, bis uns eine Schar von Ratsherren entwirrte, und dann legten wir von neuem los: eins, zwei, drei, hopp, bis wir in der gegenüberliegenden Ecke wieder wie zwei Hopfenstangen miteinander verflochten waren.

Endlich schaute ich auf die Uhr und entdeckte zu meinem Bedauern, daß es drei Uhr morgens war. Widerwillig mußte ich vom Fon Abschied nehmen und mich ins Bett zurückziehen. Er und sein Hofstaat begleiteten mich bis an den großen Hof, und dort verließ ich sie. Als ich die Stufen zur Villa hinaufkletterte, schaute ich mich nach ihnen um. Im flimmernden Licht der Sturmlaternen tanzten sie alle Polka. In der Mitte hüpfte und hopste der Fon ganz für sich allein, winkte mit seinen langen Armen und rief: «Gute Nacht, mein Freund, gute Nacht!» Ich winkte zurück und kroch dann dankerfüllt in mein Bett.

Um halb neun am nächsten Morgen war der Lastwagen da, und die Sammlung wurde aufgeladen. Eine unwahrscheinliche Menge von Bafutern war gekommen, um mir Lebewohl zu sagen und mich abreisen zu sehen. Sie waren seit dem frühen Morgen im Anmarsch, säumten nun plaudernd die Straße und warteten auf meine Abfahrt. Die letzte Fracht war auf den Lastwagen gehoben worden. Der Klang von Trommeln, Flöten und Ratschen kündigte die Ankunft des Fon an, der von mir Abschied zu nehmen kam. Er war so gekleidet, wie ich ihn an dem Tage meiner Ankunft gesehen hatte. Wieder trug er ein einfaches weißes Gewand und ein weinrotes Käppchen. Er wurde von einem Gefolge farbenprächtiger Ratsherren begleitet, schritt auf mich zu, umarmte mich, und dann, während er mich bei der Hand hielt, richtete er an die versammelten Bafuter einige schnell gesprochene Sätze. Als er geendet hatte, brach die Menge in laute «Arrrrrrs» aus und begann im Rhythmus zu klatschen. Der Fon wandte sich an mich und erhob seine Stimme.

«Mein Volk sein viel sehr traurig, weil du Bafut verlassen. Alle diese Leute sich werden an dich erinnern, und du nicht vergessen Bafut, eh?»

«Ich nie Bafut vergessen», sagte ich wahrheitsgemäß, doch bei dem unaufhörlichen lauten Klatschen von Hunderten schwarzer Hände konnte ich mich nur mit Mühe verständlich machen.

«Gut», meinte der Fon befriedigt, dann umspannte er meine Hand und schüttelte sie kräftig. «Mein Freund, ich dich werden immer vor mein Augen haben. Gott helfen du gesund dein Land erreichen. Du gehen wohl, mein Freund, gehen wohl!»

Als der Lastwagen sich in Bewegung setzte und die Straße hinunterfuhr, wurde das Klatschen schneller und schneller, bis es sich schließlich wie Regen anhörte, der auf ein Blechdach trommelt. Wir holperten langsam dahin, bis wir die Biegung erreichten, und als ich zurückblickte, sah ich die Straße voll von schwarzen Menschen, deren Hände beim Klatschen flatterten. Am Ende dieser Allee, die gesäumt war von bewegten Händen und leuchtenden Zähnen, stand eine große Gestalt in blendendem Weiß. Sie hob einen langen Arm und eine riesige Hand und winkte ein letztes Lebewohl, während der Lastwagen um die Ecke bog und die rötliche Straße hinauffuhr, die sich um die goldschimmernden Hügel wand.

ZEHNTES KAPITEL

Zoo unterm Zeltdach

Zu den bedauerlichsten Dingen im Leben eines Tierfängers gehört die Tatsache, daß er seine Tiere nur selten vor dem Ende der Reise wirklich kennenlernt. Während der ersten Monate sind sie nichts als Exemplare für ihn, denn er hat nicht genug Zeit, den Charakter jedes einzelnen zu beobachten. Er sieht darauf, daß sie entsprechend untergebracht, gefüttert und reingehalten werden, aber darüber hinaus kann er kaum etwas tun, da er all seine Freizeit dazu benützen muß, seine Menagerie zu vergrößern. Gegen das Ende der Reise jedoch hat seine Sammlung solchen Umfang angenommen, daß er sich nie weit von ihr entfernen kann, weil sie ihm zu viel Arbeit verursacht. Dies ist der Zeitpunkt, da er sich völlig auf die eingeborenen Jäger verlassen muß, die ihm neue Arten bringen sollen. Und weil er den ganzen Tag an das Lager gebunden ist, hat er Gelegenheit, die Tiere kennenzulernen, die er schon um sich vereinigt hat. Unsere Sammlung hatte dieses Stadium erreicht, als ich aus Bafut zurückkehrte. Wir besaßen nicht nur die Tiere des Graslandes, denn während meines Aufenthaltes in den Bergen hatte Smith seine Sammlung aus der Tierwelt der umliegenden Wälder ständig ergänzt. Unter dem großen Leinendach unseres Zeltes hatten wir eine Menagerie, umfangreich und vielfältig genug, um einen kleinen Zoo damit zu eröffnen.

So geschah es, daß ich nach meiner Rückkehr in das heiße und feuchte Hauptlager am Ufer des Cross-Flusses zum erstenmal einige meiner Grasland-Erwerbungen würdigen konnte. Nehmen wir zum Beispiel die Klippschliefer. Ehe ich zum Hauptlager hinunterkam, hatte ich sie für recht langweilige Geschöpfe gehalten, die nur auf dem Umweg über ihre Verwandten Interesse beanspruchen konnten. Auf den ersten Blick hin war es verzeihlich, die Klippschliefer für gewöhnliche Mitglieder der großen Gruppe der Nagetiere zu halten. Wenn man sie beobachtet, wie sie an Blättern zupfen oder an einer saftigen Rinde knabbern, könnte man sich leicht zu der Behauptung versteigen, daß sie mit den Kaninchen verwandt seien. Dies wäre jedoch völlig verfehlt, denn der Klippschliefer gehört zur Familie der Huftiere, die Rinder, Wild, Schweine und Pferde umfaßt, und der nächste Verwandte des Klippschliefers ist nicht das Karnickel, sondern ausgerechnet der Elefant. In der Knochenstruktur der Füße und in anderen anatomischen Einzelheiten steht der Klippschliefer dem Elefanten und dem Rhinozeros näher als irgendeinem anderen Tier. Derartige Behauptungen lassen viele Leute an dem gesunden Verstand der Zoologen zweifeln, denn die Ähnlichkeit eines

Klippschliefers mit einem Elefanten ist ungefähr so groß wie die eines Elefanten mit einem Kolibri. Die Verwandtschaft wird indessen auffälliger, wenn man auf die komplizierten Einzelheiten der Anatomie und des Gebisses eingeht. – Dies waren genaugenommen die einzigen Informationen, die ich über den Klippschliefer besaß.

Als ich das Hauptlager erreichte, wurde die alte Frau Klippschliefer, die den Fuß des Spürhundes so arg zugerichtet hatte, samt ihren beiden fetten Babies aus dem kleinen Käfig, in dem sie bisher eingekerkert waren, in ein viel größeres Appartement überstellt. Hier hatten die Tiere genug Platz, um sich zu bewegen, und besaßen ein eigenes Schlafzimmer, in das sie sich zurückziehen konnten, wenn sie in ungeselliger Stimmung waren. In diesem Käfig entdeckte ich manche Eigenschaft an ihnen, die mir vorerst entgangen war. Zum Beispiel besaßen sie etwas, das wir mit «Latrinengewohnheiten» bezeichnen, das heißt: Sie lagerten ihre Exkremente immer an der gleichen Stelle ab. Bisher hatte ich gar nicht gewußt, was für ein Gottesgeschenk ein Tier mit solchen Gewohnheiten für einen hart arbeitenden Tierfänger ist. Als mir die Bedeutung der netten kleinen Dunghaufen, die ich jeden Morgen im Winkel des Käfigs fand, aufging, machte ich mir die Arbeit bei den Klippschliefern bequemer: Ich stellte ihnen eine runde, flache Zinndose als Latrine hin. Zu meinem Ärger fand ich am nächsten Morgen, daß mein Anerbieten ausgeschlagen worden war; sie hatten die Dose einfach aus dem Weg geräumt und ihren Kot auf die gewohnte Art an dem gewohnten Platz deponiert. Als ich daher zur Nacht die Zinndose wieder hineinstellte, tat ich vorher etwas von ihren Ausscheidungen hinein. Am nächsten Tag war zu meinem Entzücken die Dose randvoll und der Boden des Käfigs makellos rein. Von nun an war das Reinigen des Käfigs eine Angelegenheit von ungefähr fünf Minuten: Man entleerte die Dose, wusch sie und stellte sie wieder hinein. Die Klippschliefer sauberzuhalten wurde das reinste Vergnügen.

Die Kamerun-Ratten hingegen hatten in dieser Beziehung ganz andere Gewohnheiten. Diese Nagetiere, deren jedes so groß wie ein kleines Kätzchen ist, wohnten Wand an Wand mit der Klippschlieferfamilie. Sie gehörten jener aufreizenden Gruppe von Tieren an, die ihren Darm nicht entleeren wollen oder können, wenn dies nicht im Wasser und vorzugsweise in fließendem Wasser geschehen kann. In Freiheit benützen sie wahrscheinlich zu diesem Zweck einen Fluß, und die Strömung spült ihre Exkremente fort, um stromabwärts irgendeine Pflanze damit zu düngen. Im Käfig konnte ich indessen die Kamerun-Ratten nicht mit einem Fluß ausstatten, und so bedienten sie sich des Nächstbesten, und das war ihr Wasserbehälter. Es gibt nichts Ärgerlicheres, als ein hübsches, sauberes Gefäß, bis an den Rand mit Wasser gefüllt, im Käfig aufgestellt zu haben, um fünf Minuten später einen Topf mit Jauche vorzufinden. Das war sehr lästig, denn bei der Hitze brauchten die Tiere fortwährend frisches Trinkwasser, und da waren nun diese Ratten, die ihr Wasser verunreinigten, ehe sie es tranken! Nach vielen vergeblichen Versuchen, ihnen diese Gewohnheit auszutreiben, versorgte ich sie mit einem großen Topf Wasser als Klosett und vielen saftigen Früchten zum Fressen, in der Hoffnung, daß diese ihren Durst löschen würden.

Doch kehren wir wieder zu den Klippschliefern zurück: Ich war in Bafut zu dem Schluß gekommen, daß sie dumme, unfreundliche Tiere seien, die ihr Leben damit zubringen, auf ihrem Hinterteil zu sitzen und gläsernen Blickes an Blättern zu nagen. Im Hauptlager entdeckte ich, daß ich mich gründlich geirrt hatte, denn ein Klippschliefer kann so lebhaft wie ein Zicklein sein, wenn ihm danach zumute ist. Am Abend, wenn ihr Käfig in Sonnenlicht gebadet war, lag die alte Klippschlieferin da und sah so imponierend aus wie einer der Lowen vom Trafalgar Square; dabei kaute sie hingebungsvoll an einem Büschel zarten Spinats oder einem Haufen Kassawablätter, während ihre Babies miteinander spielten. Es waren wilde, ausgelassene Rangen: Sie jagten einander im ganzen Käfig herum und setzten mich manchmal damit in Erstaunen, daß sie die glatte hölzerne Rückwand hinaufrannten und sich erst herunterfallen ließen, wenn sie die Decke erreicht hatten. Wenn sie von diesem «Todessprung» genug hatten, bestiegen sie den stattlichen, hingestreckten Körper ihrer Mutter, als wäre es ein Festungswall. Eines kletterte auf ihren Rücken, und das andere versuchte, es hinunterzuboxen. Manchmal waren sie auf dem Rücken ihrer Mutter in tödlichem Kampf ineinander verschlungen, während diese völlig ungerührt dalag und mit einem Trance-Ausdruck auf ihrem Gesicht unentwegt kaute. Diese Spiele waren reizend anzuschauen, aber insofern lästig, als die Babies sie gelegentlich bis in die Nacht fortsetzten, besonders wenn Mondschein war. Es ist schwer einzuschlafen, wenn ein paar Klippschlieferbabies in ihrem Käfig herumrasen und einen Lärm machen wie zwei kämpfende Hengste in ihrer Laufbox. Wenn man sich schließlich im Bett aufsetzte und mit furchterregender Stimme «Ruhe» gebot, hörten sie für ungefähr eine halbe Stunde auf. War man aber inzwischen noch nicht ganz fest eingeschlafen, so wurde man von neuem hellwach durch das Klappern von Holz, das Surren von Drähten und das melodiöse Klirren von umgeworfenen Futternäpfen. Nein, die Klippschliefer waren alles eher als langweilig.

Ein anderes Tier, das im Hauptlager seine wahre Natur entfaltete, war jenes Schwarzohr-Hörnchen, das auf den Stufen der Villa in Bafut ein solches Durcheinander verursacht hatte. Ich ahnte damals noch nicht, daß diese Treppenepisode nur ein schwacher Abglanz dessen war, was es fertigbrachte, wenn es sich etwas in den Kopf setzte. Sein größtes Vergnügen bestand nämlich darin, auszurücken und von einem Haufen Menschen verfolgt zu werden. Es war, wie ich schon erwähnt habe, damals noch ein Baby und wurde in kürzester Zeit außerordentlich zahm.

Es ließ sich von mir aufheben und auf die Schulter setzen, hockte dort auf den Hinterbeinen und untersuchte mein Ohr in der Hoffnung, daß ich so vernünftig sei, dort eine Palmnuß oder einen anderen Leckerbissen versteckt zu halten. Solange nicht mehr als vier Personen anwesend waren, benahm es sich mit vollendetem Anstand; eine Menge dagegen erfüllte es mit dem frommen Wunsch, gejagt zu werden. Zuerst dachte ich, daß eine größere Menschenansammlung es beunruhige und erschrecke und daß es fortlaufe, um ihr zu entgehen. Doch bald fand ich heraus, daß es keineswegs so war, denn wenn seine Verfolger zurückblieben, hielt es an, machte Männchen und wartete, bis sie es einholten. Eine gewisse Komik lag in der Tatsache, daß wir den kleinen Frechdachs «Süßes» getauft hatten wegen seiner Folgsamkeit und seines angenehmen Wesens, allerdings ehe wir seine Laster entdeckt hatten. Die erste Jagd, die das «Süße» arrangierte, fand drei Tage nach unserer Ankunft im Zelt statt.

Unser Wasservorrat für das Lager wurde in zwei großen Petroleumfässern aufbewahrt, die in der Nähe der Küche standen. Diese wurden jeden Morgen von den Häftlingen des Ortsgefängnisses aufgefüllt. Es war eine fröhliche Schar von Männern in fleckenlos weißen Hemden und Shorts, die jeden Morgen den Hügel heraufkeuchten und bis zum Rande gefüllte Wasserbehälter auf ihren geschorenen Köpfen trugen. Hinter ihnen schritt ein Wachtposten in eindrucksvoller rehbrauner Uniform mit Messingknöpfen, die in der Sonne blitzten, und schwang mit überlegener Miene einen kurzen Knüppel. Die Gefangenen, deren Verbrechen vom geringfügigen Diebstahl bis zum Mord reichten, verrichteten mit ausgesprochen guter Laune ihre lästige Arbeit, und wenn man sie grüßte, strahlten sie vor Vergnügen. Einmal wöchentlich verteilte ich mehrere Pakete Zigaretten unter sie, und der Wachtposten, der mit mir ein Glas Bier trank, erlaubte ihnen, durch das Lager zu gehen und unsere Tiersammlung zu besichtigen. Sie genossen diese Unterbrechung des Alltags, drängten sich um die Affen und bogen sich vor Lachen über deren Grimassen, oder sie schauten in den Schlangenbehälter und ließen es sich kalt über den Rücken laufen.

An dem besagten Morgen war ich gerade im Begriff, das «Süße» zu füttern, als die Sträflinge ankamen. Sie marschierten an mir vorbei, ihre Gesichter glänzten von Schweiß, sie lächelten freundlich und grüßten mich: «Morgen, Massa. Wir kommen. – Wir Wasser bringen für Massa. – Wir dich grüßen, Massa», und so fort. Der Wachmann erwies mir einen außerordentlich militärischen Gruß und grinste dann wie ein kleiner Junge. Während sie den Inhalt der Behälter in die Petroleumfässer schütteten, nahm ich das «Süße» aus dem Käfig, setzte es auf meine Hand und gab ihm ein Stück Zucker. Es nahm den Zucker ins Mäulchen und erblickte dann die Sträflinge neben der Küche, die mit dem Personal plauderten und freche Späße austauschten. Als es sich vergewissert hatte, daß das ganze Volk versammelt war und es ein lohnendes Rennen geben werde, packte es den Zucker fester, sprang behende von meiner Hand, galoppierte quer über die Lagerlichtung, und sein Schwanz wehte hinter ihm her wie eine Flamme bei Zugluft. Ich machte mich an seine Verfolgung, aber noch bevor ich ein paar Schritte tun konnte, hatte das «Süße» schon das dichte Gebüsch am Rande der Lichtung erreicht und entschwand unseren Blicken. In meiner Angst, es könnte auf Nimmerwiedersehen fort sein, entfuhr mir ein so schmerzlicher Klagelaut, daß jeder seine Tätigkeit einstellte und zu mir eilte.

«Dieses Tier fortgerannt», rief ich den Sträflingen zu, «ich zahlen fünf Shilling, wer es fangen.»

Die Wirkung meines Angebotes war erstaunlich. Die Sträflinge ließen ihre Wasserbehälter stehen und rasten ins Gebüsch, gefolgt von dem Wachtposten, der sich des Knüppels und des Hutes entledigte, um in seinen Bewegungen nicht behindert zu sein. Mein gesamtes Personal beteiligte sich gleichfalls an der Jagd, und der ganze Haufen rannte krachend durch die Büsche und das niedere Unterholz, auf der Suche nach dem «Süßen». Sie kämmten das ganze Gebiet gründlich durch, ohne eine Spur des Tierchens zu finden, und dann entdeckte man, daß der kleine Racker in den Zweigen eines niederen Busches gesessen und beobachtet hatte, wie die Jagd nach ihm in seiner nächsten Nähe hin und her wogte, wobei er seelenruhig sein Stück Zucker zu Ende fraß. Als er merkte, daß man ihn aufgespürt hatte, sprang er zu Boden, rannte über die Lichtung und auf den Pfad hinaus, der über die Hügel führte, wild verfolgt von einer keuchenden Menge, die aus dem Wachtposten, den Sträflingen und dem Personal bestand. Sie alle verschwanden hinter dem Horizont, und Friede senkte sich auf das Lager nieder. Aber nicht auf lange, denn nach einigen Minuten erschien das «Süße» wieder auf der Hügelkuppe, galoppierte ins Lager hinunter, schoß durch das Zelt und kletterte in seinen Käfig, wo es mit der Miene völliger Unschuld ein Stück Zuckerrohr zu fressen begann. Eine halbe Stunde später kamen der Wachtposten, die Sträflinge und mein Personal einzeln und in Grüppchen zurück, alle abgehetzt und verschwitzt, um zu berichten, daß das Tier entkommen sei und sich nun bestimmt tief im Busch aufhalte. Als ich ihnen das «Süße» zeigte (das in der Zwischenzeit sein Mahl beendet hatte und fest schlief) und ihnen erzählte, wie es heimgekehrt war, starrten sie mich eine Minute lang mit vor Erstaunen offenem Mund an. Aber da sie Schwarze waren, ging ihnen die Komik der Situation auf, und sie wirbelten im Lager herum, brüllend vor Lachen, und schlugen sich auf die Schenkel, während ihnen die Tränen über die Backen liefen. Der Wachtposten war so überwältigt, daß er einem Sträfling an die Brust sank und vor Vergnügen schluchzte.

Von nun an brachten der Wachtposten und die Sträflinge täglich einige Gaben für das Tier mit, das sie so schnell hatte rennen lassen und sie so an der Nase herumgeführt hatte: Manchmal war es etwas Zuckerrohr oder eine Handvoll Erdnüsse, ein andermal etwas Kassawa oder ein Stück Brot. Was immer es war, das «Süße» richtete sich am Drahtgitter auf und nahm die dargebotenen Gaben mit vergnügtem Quietschen in Empfang, während die Gefangenen um seinen Käfig standen und sich gegenseitig oder einem neuen Mitglied ihrer Gruppe die Geschichte von der Jagd auf das Schwarzohr-Hörnchen erzählten. Dann wurde reichlich gelacht und das «Süße» ob seiner geschickten Ausweichmanöver gelobt. Dies war nur die erste von vielen Gelegenheiten, bei denen das «Süße» im Lager Verwirrung stiftete.

Ein Fünftel all der verschiedenen Tiere, die uns gebracht wurden, während wir im Hauptlager weilten, bestand aus Babies, und obgleich die meisten von ihnen reizende kleine Geschöpfe waren, bereiteten sie uns eine Menge Mehrarbeit, denn sehr junge Tiere bedürfen ebenso sorgfältiger Betreuung wie ein Menschenkind. Alle diese jungen Geschöpfe wuchsen uns ans Herz, aber zu den reizvollsten und gleichzeitig aufreizendsten Tieren, die wir erwarben, gehörten drei kleine Gesellen, die wir die «Banditen» nannten. Es handelte sich um Kusimansen, eine Art Mungos, die in den Wäldern ziemlich häufig vorkommen. Erwachsen haben sie ungefähr die Größe eines Meerschweinchens, ein dickes, grobes, schokoladebraunes Fell, einen buschigen Schweif, ein langes, spitzes Gesicht mit einer glänzenden rosa Nase und vorstehenden Augen, so rund wie Schuhknöpfe. Als die «Banditen» zu uns kamen, waren sie ungefähr so groß wie kleine Ratten und hatten gerade erst die Augen offen. Ihr Fell war hell ingwerfarben und stand in Büscheln und Stiften von ihrem ganzen Körper ab, so daß sie eher wie Igel aussahen. Ihre Nasen waren die prominentesten Teile ihres Körperbaus, lang, hellrosa und so biegsam, daß sie von einer Seite zur anderen geschwenkt werden konnten wie Elefantenrüssel in Kleinformat. Zuerst wurden sie mit Milch und einer Zugabe von Kalzium und Lebertran ernährt, und das war keine leichte Aufgabe; sie tranken mehr Milch als irgendein anderes Tierbaby, das mir je begegnet ist, und die ganze Angelegenheit wurde noch dadurch erschwert, daß sie viel zu klein waren, um aus der Flasche zu trinken, die ich den anderen gab. So mußte ich sie denn füttern, indem ich ein Stück Watte um ein Stäbchen wickelte, dieses in Milch tauchte und sie daran saugen ließ. Das bewährte sich anfangs wunderbar, aber sobald die scharfen kleinen Zähne durch die Kiefer brachen, fingen die Tierchen an, lästig zu werden. Sie waren so gierig, daß sie sich in die Watte verbissen wie kleine Bulldoggen, nicht losließen und mir also nicht gestatteten, das Stäbchen wieder in die Milch zu tauchen. Häufig packten sie so fest zu, daß die Watte sich vom Holz löste; dann versuchten sie, sie hinunterzuschlucken, und nur indem ich ihnen meine Finger in den Schlund steckte und die Watte erfaßte, ehe sie verschwand, konnte ich sie vor dem Erstickungstod bewahren. Steckte ich ihnen den

Finger in den Schlund, so wurde ihnen übel, und nach dem Speien waren sie sofort wieder hungrig, und die ganze Prozedur fing von vorne an. Jeder, der sich etwas auf seine Geduld einbildet, sollte versuchen, junge Kusimansen mit der Flasche aufzuziehen.

Nachdem sie Zähne bekommen hatten und richtig gehen konnten, wurden sie im höchsten Grad neugierig und begannen, ihre rosa Nasen unaufhörlich in anderer Leute Angelegenheiten zu stecken. Sie lebten im sogenannten Kinderzimmer – einer Ansammlung von Körben, welche die Tierbabies beherbergten –, ihr Korb stand zwischen unseren Betten, also in Reichweite für den Fall, daß sie nachts nach der Flasche verlangen sollten. Der Deckel des Korbes, den die «Banditen» bewohnten, schloß nicht fest, und sie lernten nur zu bald, ihn aufzustoßen. Dann kletterten sie heraus und gingen auf Inspektionsreise durch das Lager. Das war sehr beunruhigend, denn die «Banditen» schienen keine Furcht zu kennen und steckten ihre Nase mit der gleichen Unverfrorenheit in Affenkäfige und Schlangenkisten. Ihr Leben war der Nahrungssuche gewidmet, und alles, was ihnen in den Weg kam, wurde in der Hoffnung, daß es sich als schmackhaft erweisen werde, angebissen. Zu jener Zeit besaßen wir einen ausgewachsenen weiblichen Colobus-Affen, ein Tier mit herrlich langem, dichtem Fell von seidigem, schwarzem und weißem Haar und einem langen buschigen, ebenfalls schwarz-weißen Schwanz, auf den es sehr stolz zu sein schien, denn es war stets darauf bedacht, ihn rein und glänzend zu erhalten. Eines Tages entwischten die «Banditen» aus dem Kinderzimmer und wanderten zwischen den Affenkäfigen umher, um zu sehen, was sich dort auftreiben ließ. Die Colobus-Äffin saß zurückgelehnt auf dem Boden des Käfigs, nahm ein Sonnenbad, und ihr langer, schöner Schweif hing zwischen den Gitterstäben hindurch auf die Erde. Einer der «Banditen» entdeckte diesen merkwürdigen Gegenstand, und da er niemandem zu gehören schien, rannte er darauf zu und biß mit seinen scharfen kleinen Zähnen hinein, um zu erkunden, ob er eßbar sei. Als die anderen beiden sahen, was er gefunden hatte, eilten sie schnell herbei und ergriffen gleichfalls Besitz von dem Schwanz. Die unglückliche Äffin kletterte, vor Wut und Schrecken laut schreiend, im Käfig in die Höhe, konnte aber die «Banditen» dadurch nicht abschütteln, denn sie hielten den Schwanz wie in einem Schraubstock fest, und je höher sich das Colobus-Weibchen in seinem Käfig hinaufhantelte, um so höher hob auch sein Schwanz die «Banditen» vom Boden auf. Als ich auf der Bildfläche erschien, schwebten sie ungefähr dreißig Zentimeter über der Erde, baumelten dort, sich langsam drehend, und knurrten durch die zusammengebissenen Zähne. Es dauerte etliche Minuten, bis ich sie bewegen konnte loszulassen, und auch dann gelang mir das nur, weil ich ihnen Zigarettenrauch ins Gesicht blies, was sie zum Husten reizte.

Als die «Banditen» alt genug waren, um einen eigenen Käfig, komplett mit Schlafzimmer, zu bewohnen, wurde das Füttern eine äußerst schwierige und gefahrvolle Aufgabe. Zur Fressenszeit gerieten sie in solche Aufregung, daß sie in alles hineinbissen, was nur annähernd wie Nahrungsmittel aussah, so daß man auf seine Hände achtgeben mußte. Statt zu warten wie jedes andere vernünftige Tier, bis der Futternapf in den Käfig gestellt wurde, sprangen sie ihm durch die Tür entgegen, stießen mir den Napf aus der Hand, stürzten in einem wirren Knäuel zu Boden und schrien wütend vor Enttäuschung. Schließlich hatte ich das Theater satt. Um zu verhindern, daß die «Banditen» mir jedesmal, wenn ich sie füttern kam, wie feurige Raketen entgegenschossen, entwarf ich einen Plan: Zur Fressenszeit näherten wir uns zu zweit dem Käfig; sofort warfen sich die «Banditen» laut schreiend gegen das Gitter, und die Augen traten ihnen vor Erregung aus den Höhlen. Dann rüttelte einer von uns an der Tür des Schlafraumes, woraus sie schlossen, daß das Futter dort hingestellt werde, und sich, gierig um den ersten Platz kämpfend, ins Schlafgemach stürzten. Während sie so abgelenkt wurden, hatten wir genau zwei Sekunden zur Verfügung, bevor sie die Täuschung entdeckten. In dieser Spanne Zeit mußte man die Tür des Käfigs öffnen, das Fressen hineinstellen, die Hand zurückziehen und die Tür wieder schließen. Wenn man nicht flink genug war oder mit einem unvorsichtigen Geräusch ihre Aufmerksamkeit erregte, kamen die «Banditen» aus dem Schlafgemach gepurzelt und warfen quietschend und kreischend den Napf um und schnappten unterschiedslos nach Futter und Händen. Das alles war sehr aufreibend.

Um diese Zeit brachte man uns ein anderes Paar junger Tiere, die voller Charme und Eigenart waren. Es waren junge Pinselschweine, und wie die Kusimansen sahen auch sie völlig anders aus als die ausgewachsenen Tiere ihrer Gattung. Ein erwachsenes Pinselschwein ist wohl das anziehendste Mitglied der Schweinefamilie und auf alle Fälle das farbenprächtigste. Es hat ein leuchtendes, rötlichgelbes Fell mit dunkleren, beinahe schokoladefarbenen Flecken um die Schnauze. Die großen Ohren enden in zwei auffallenden Pinseln schlohweißer Haare, und eine Mähne aus den gleichen weißen Haaren läuft den Rücken entlang. Die zwei Babies waren gestreift wie alle jungen Schweine. Über die Grundfarbe, ein tiefes, fast schwarzes Braun, liefen von der Schnauze zum Schwanz breite Streifen hellen, senffarbenen Felles. Dieses Farbmuster verlieh ihnen eher das Aussehen von Wespen als von Frischlingen.

Zuerst bekamen wir den kleinen Eber. Er saß verlassen in einem Korb, den ein stämmiger Jäger auf dem Kopf trug. Offensichtlich verlangte er dringend nach warmer Milch, und sobald ich bezahlt hatte, machte ich eine Flasche zurecht und hob ihn auf meinen Schoß. Er war ungefähr von der Größe eines Pekinesen und besaß, wie ich bald entdeckte, sehr scharfe kleine Hufe und Hauer. Er hatte nie zuvor eine Flasche gesehen und behandelte sie mit dem größten Mißtrauen. Als ich ihn auf meine Knie setzte und ihm den Sauger in die Schnauze stopfen wollte, stieß er und quiekte, zerriß mir die Hose mit seinen Hufen und versuchte, mich mit seinen winzigen Hauern zu beißen. Nach etwa fünf Minuten sahen wir beide aus, als hätten wir in Milch gebadet, während nicht ein Tropfen davon seine Kehle hinuntergeronnen war. Schließlich mußte ich ihn gewaltsam zwischen meine Knie klemmen, seine Schnauze mit einer Hand auseinanderzwängen, während ich ihm mit der anderen die Milch hineinspritzte. Sobald die ersten Tropfen seinen Schlund passiert hatten, hörte er auf zu strampeln und zu schreien, und nach wenigen Minuten saugte er so intensiv wie nur möglich aus der Flasche. Von da an machte er mir gar keine Mühe mehr und hatte nach zwei Tagen jede Angst vor mir verloren. Wenn ich erschien, rannte er zum Gitter seines Ställchens, quiekte und grunzte vor Entzücken und wälzte sich auf den Rücken, damit ich sein feistes Bäuchlein kraulen konnte.

Das weibliche Ferkel traf eine Woche später ein und protestierte so vernehmlich bei seiner Ankunft, daß wir es schon lange hörten, ehe es selbst und der Jäger zu sehen waren. Die junge Sau war ungefähr doppelt so groß wie das Männchen, und so beschloß ich, die beiden zuerst in getrennte Ställchen zu tun, da ich fürchtete, daß sie ihn verletzen werde. Aber als ich ihren Käfig neben den seinen stellte, war die gegenseitige Begeisterung unverkennbar, und die Art, wie sie quiekend auf die trennenden Gitterstäbe zueilten und ihre Nasen aneinanderrieben, veranlaßte mich, sie sofort in denselben Stall zu tun. Als ich sie zusammengebracht hatte, rannte der kleine Eber laut schnüffelnd auf das Weibchen zu und stieß es zart in die Rippen; dieses grunzte und galoppierte durch den Käfig davon. Er jagte es, und sie hetzten im Käfig herum, wandten und drehten sich und machten mit einer für so wohlbeleibte Tiere erstaunlichen Geschicklichkeit kehrt. Als sie sich ausgetobt hatten, vergruben sie sich tief in dem Haufen trockener Bananenblätter, mit dem ich sie versorgt hatte, und schliefen ein. Ihr Schnarchen dröhnte wie ein Bienenstock in einer Sommernacht.

Da der weibliche Frischling so viel älter war, mußte er neben der Flasche bald eine Zugabe von zerkleinerten Früchten und Gemüsen bekommen. Nachdem ich beiden die Flasche gegeben hatte, setzte ich einen großen, flachen Napf mit diesem Gemisch in den Käfig, und die Sau verbrachte den Morgen damit, den Rüssel hineinzugraben und wie ein Schwein zu schlürfen, zu schmatzen und dazwischen verträumt zu seufzen. Der kleine Eber konnte das nicht begreifen und empörte sich über die Vernachlässigung; er stupste seine Gefährtin mit der Schnauze oder knabberte an ihren Beinen, bis sie sich plötzlich umwandte, mit wütendem Gequieke auf ihn losfuhr und ihn vertrieb. Manchmal versuchte er herauszubekommen, was sie da in der Schüssel anzog, aber er konnte nichts Aufregendes an einem Haufen gehackter Früchte entdecken, und so zog er sich mißgelaunt zurück und saß allein in einer Ecke, bis sie fertig war. Eines Tages indessen beschloß er, sich gleichfalls eine Extramahlzeit zu verschaffen, und zwar auf sehr einfache Weise, indem er an dem langen Schwanz des Weibchens saugte. Er war überzeugt, daß Milch herauskommen müsse, wenn er nur lange und energisch genug daran sog. Und so stand sie mit der Nase im Futternapf vergraben, während hinter ihr der Eber hoffnungsvoll ihren Schwanz in der Schnauze hielt. Dies schien sie nicht weiter zu belästigen, aber er saugte mit solcher Gewalt daran, daß ihr Schwanz allmählich ganz kahl wurde, und damit die Borsten wieder nachwachsen konnten, mußte ich sie in getrennte Käfige stecken und konnte ihnen nur zweimal am Tage erlauben, miteinander zu spielen.

Das Leben im Zelt mit einer Unmenge von Tieren, die versorgt werden mußten, war alles eher als langweilig. Wir waren von Geschöpfen aller Größen und Formen und Arten umgeben: von Laubfröschen bis zu Eulen und von Pythons bis zu Affen. Zu allen Tages- und Nachtstunden erfüllte ein immerwährendes Stimmengewirr den Raum. Da waren Geräusche, die von dem irren Geschrei und Gekicher der Schimpansen bis zu dem ununterbrochenen Kratzen und Knabbern einer Kamerun-Ratte reichten, die überzeugt war, daß sie – allen Widerständen zum Trotz – ein Loch in einen Metallnapf beißen könne. Zu jeder Tageszeit fand man etwas zu tun oder etwas Neues zu beobachten und zu vermerken. Der folgende Auszug aus den Tagebuch-Eintragungen einer Woche gibt einen Begriff von der Fülle kleiner, aber aufregender und interessanter Vorfälle, die wert waren, notiert zu werden:

Die Augen des jungen weiblichen Stangers-Hörnchens haben sich nun vom schönen Himmelblau zu Stahlgrau verfärbt. Wenn man es nachts stört, gibt es Töne von sich wie eine elektrische Spielzeugeisenbahn, die man von den Schienen hebt . . . Eine der Baumvipern hat elf Junge zur Welt gebracht, ungefähr zehn Zentimeter lang. Grundton: blasses Schiefergrau mit Zickzackzeichnung von dunklem Aschgrau; ein wundervoller Gegensatz zu der lebhaft grün-weißen Mutter. Nur ein paar Stunden alt, züngelten sie schon alle tückisch nach einem Stock . . . Große grüne Laubfrösche machen kurz vor einem Regen ein Geräusch wie eine langsam tickende Uhr, hören aber auf, wenn man in die Nähe des Käfigs kommt, und fangen erst wieder beim nächsten Wolkenbruch damit an . . . Ich entdeckte, daß die Galagos eine Butterblume lieben, die in dieser Gegend wächst; sie halten die Blüte in der einen Pfote und zupfen mit der anderen die Blütenblätter ab, die sie sich ins Mäulchen stopfen; dann spielen sie mit dem Rest wie mit einem Federball und sehen dabei mit ihren großen, glotzenden Augen höchst lächerlich aus.

Notizen über Ernährung: Die Goldkatze liebt Hirn und Leber, geschabt und mit rohen Eiern vermischt – ausgefallenen Geschmack haben einige dieser Biester! Pangoline (schuppige Ameisenbären) weigern sich, ein Gemisch aus Ei und Milch zu fressen, wenn es gesüßt ist, und kippen dann einfach die Schüssel um – das ist sehr ärgerlich! Flughunde ziehen Bananen mit der Schale vor und fressen das ganze Zeug auf. Die Schale scheint sie vor Durchfall zu bewahren. Überreife

Früchte richten in der Verdauung der Affen Verheerungen an (besonders schlimm bei Schimpansen). Fledermäuse jedoch fressen mit Vergnügen und ohne üble Folgen gärende Früchte, vorausgesetzt, daß etwas Grobkörniges beigemischt ist. Zuviel Ziegenfleisch verursacht aus irgendeinem Grunde bei den Sumpfmungos Darmvorfall; warmer Lebertran und sehr sanfte Massage lassen ihn wieder zurücktreten. Das Tier ist danach sehr erschöpft, ein Tropfen Whisky in einem Eßlöffel Wasser hilft.

So sahen die kleinen Begebenheiten aus, die das Leben im Hauptlager ausmachten, aber sie waren für uns von brennendem Interesse, und die Tage schienen so bunt und ereignisreich, daß sie im Fluge vergingen. So kann es niemanden wundernehmen, daß ich mit einem netten, aber dummen jungen Mann recht kurz angebunden war, der nach Besichtigung unserer Sammlung fragte: «Gehen Sie nie aus oder dergleichen? Sterben Sie nicht vor Langeweile, wenn Sie den ganzen Tag mit dieser Gesellschaft hier eingesperrt sind?»

ELFTES KAPITEL

Der Wald der Flugbilche

Als ich aus den Bergen zu unserem Hauptlager am Cross-Fluß zurückkehrte, gab es nur eine Lücke von Bedeutung in unserer Sammlung. Diese Lücke wurde durch das Fehlen eines winzigen Tieres verursacht, dessen Fang mir wichtiger war als der irgendeines anderen Geschöpfes in Kamerun. Der englische Name dieses Tieres ist Pigmy Scaly-Tail (Zwerg-Dornschwanzhörnchen, auch Flugbilch), während Zoologen es *Idiurus kivuensis* nennen. In England hatte ich Zeichnungen und ausgestopfte Bälge in den Museen studiert und seit unserer Ankunft in Afrika unaufhörlich davon gesprochen, bis auch meine Schwarzen es wußten, daß *Idiurus kivuensis* der Name des «Fleisches» war, das ich über alle Maßen schätzte.

Ich wußte, daß der Flugbilch ein ausgesprochenes Nachttier ist, und da er überdies nur die Größe einer kleinen Maus hat, schien es mir unwahrscheinlich, daß einer der Jäger ihn kennen werde. Tatsächlich erkannten sie ihn nicht auf Grund der Zeichnung, die ich besaß. Aus der nur spärlich vorhandenen Literatur, die sich mit dieser Spezies befaßt, konnte ich schließen, daß der Flugbilch in Kolonien in hohlen Bäumen lebt und wenig zugängliche Teile des Waldes bevorzugt. Ich setzte dies den Jägern auseinander, in der schwachen Hoffnung, sie zu einer Suche nach diesen Exemplaren anzuspornen, aber es war zwecklos. Der Schwarze wird nicht nach einem Tier jagen, das er nie gesehen hat – denn er hält es für durchaus möglich, daß es nicht existiert, und die Jagd darauf wäre Zeitverschwendung. Den gleichen Ärger hatte ich beim Haarfrosch gehabt, und mir war daher klar, daß meine Erzählungen von den «klein-klein Ratten», die wie Vögel von Baum zu Baum fliegen, von Anbeginn nur taube Ohren finden würden. Es lag auf der Hand: Wenn ich den Flugbilch haben wollte, mußte ich selbst auf die Jagd gehen, und zwar möglichst bald, denn unsere Zeit war begrenzt. Ich beschloß, das Dorf Eshobi zu meinem Hauptquartier bei der Flugbilch-Jagd zu machen. Es lag, einen Tagesmarsch von unserem Lager entfernt, tief im Wald, und ich kannte die Einwohner gut von einem früheren Besuch in Kamerun. Nach einem mausgroßen Tier in den tiefen Regenwäldern zu jagen, die sich viele hundert Meilen in alle Richtungen erstrecken, klingt wie eine verbesserte Version der Geschichte von der Nadel im Heuhaufen; aber so etwas ist es ja gerade, was den Tierfang so interessant macht. Meine Chancen standen eins zu tausend, und doch begab ich mich fröhlich in den Wald.

Die Straße nach Eshobi kann nur von jemandem geschätzt werden, der die Vorliebe eines Heiligen für die Kasteiung des Fleisches besitzt. Sie gleicht zum größten Teil einem ausgetrockneten Flußbett, obgleich sie einen Lauf nimmt, den kein Fluß mit einiger Selbstachtung einschlagen würde. Sie läuft in regellosem Zickzack zwischen den Bäumen hindurch, stürzt gelegentlich einen steilen Hang ins Tal hinab, überquert einen Bach und klettert auf der anderen Seite wieder hinauf. An abfallenden Stellen waren die Felsstücke und Steine, aus denen die Straßendecke bestand, immer locker, so daß man oft schneller unten anlangte, als man voraussah. Während man aber die Straße jenseits des Tales wieder emporstieg, entdeckte man, daß die Felsstücke an Größe zugenommen hatten und wie eine Reihe von Stufen angeordnet waren. Dies erwies sich jedoch als Blendwerk und Täuschung, denn jedes Felsstück lag so tückisch da, daß es ausgeschlossen war, von einem zum anderen zu steigen. Ein dichter Überzug von grünem Moos, wilden Begonien und Farnen bedeckte sie alle, so daß man vor dem Absprung nie wußte, wo und wie man landen werde.

So verlief der Pfad auf einer Strecke von ungefähr fünf Kilometern, dann quälten wir uns von der Sohle eines tiefen Tales in die Höhe hinauf und stellten fest, daß der Waldboden hier eben war und der Weg so glatt wie eine Autobahn. Er zog und wand sich zwischen den Riesenbäumen hin, und hie und da klaffte ein Riß im Laubdach darüber, der einen Sonnenstrahl durchließ. In diesen Sonnenflecken saßen Schwärme von Schmetterlingen, die sich nach dem Nachttau wärmten. Sie flogen bei unserem Kommen auf, umschwirrten uns, tauchten nieder, flatterten hoch und wirbelten lichttrunken umher.

Da gab es winzige weiße, wie leichte Schneeflocken, große plumpe, deren Flügel wie poliertes Kupfer glänzten, und andere mit schwarzer, grüner, roter und gelber Zeichnung. Sobald wir vorbei waren, ließen sie sich wieder auf dem Pfad im Sonnenschein nieder, saßen dort fröhlich und klappten gelegentlich ihre Flügel auf und zu. Dieses Schmetterlingsballett konnte man stets auf dem Pfad nach Eshobi beobachten. Es war übrigens meist das einzige Zeichen von tierischem Leben, denn der tiefe Urwald wimmelt keineswegs von Raubwild, wie uns manche Bücher weismachen wollen.

Wir folgten ungefähr drei Stunden lang diesem Pfad und hielten zeitweise an, damit die schwitzenden Träger ihre Lasten zu Boden setzen und sich ausruhen konnten. Plötzlich krümmte sich der Weg, und als wir um die Kurve kamen, hörte der Wald auf, und wir befanden uns auf der Hauptstraße, überdies dem einzigen Zugangsweg nach Eshobi. Hunde bellten, Hühner gackerten und trippelten uns aus dem Weg. Ein kleines Kind erhob sich aus dem Staub, in dem es gespielt hatte, und floh, aus vollem Halse brüllend, in die nächste Hütte. Plötzlich, wie aus dem Nichts aufgetaucht, umringte uns ein quirlender Haufen von Menschen:

Männer, Knaben und Frauen jeden Alters. Alle grinsten, klatschten in die Hände und stießen sich gegenseitig beiseite, um mir die Hand zu schütteln.

«Willkommen, Massa, willkommen!»

«Du sein gekommen, Massa!»

«Ich dich grüßen, Massa!»

«Eh . . . eah! Massa, du zurück in Eshobi!»

Von dieser grüßenden, schwatzenden Menschenmenge wurde ich die Dorfstraße hinuntergeleitet, als sei ich eine Fürstlichkeit. Jemand eilte mit einem Sessel herbei, und ich mußte paradesitzen, während das ganze Dorf bewundernd, strahlend und in Pausen «Willkommen» rufend, um mich herumstand, hin und wieder in die Hände klatschte und in einem Übermaß des Entzückens mit den Gelenken knackte.

Ich war noch dabei, alte Freunde zu begrüßen und mich nach Verwandten und Sprößlingen der Leute zu erkundigen, als meine Träger und der Koch erschienen. Dann erhob sich eine lange Diskussion darüber, wo man mich unterbringen solle, und schließlich entschieden die Dorfbewohner, daß der einzige Ort, der eines so illustren Gastes würdig sei, die neugebaute Tanzhalle wäre. Der Boden dieser sehr großen, runden Hütte war durch das Trampeln und Schlurfen von Hunderten von Füßen glatt wie gehobeltes Holz. Die Trommeln, Flöten und Knarren wurden schnell entfernt, der Boden wurde gekehrt, und ich konnte einziehen.

Nachdem ich gegessen und getrunken hatte, versammelte sich das Dorf wieder, um zu hören, weswegen ich diesmal gekommen sei. Ich erklärte des langen und breiten, daß es sich diesmal nur um einen kurzen Besuch handle und daß ich nur eine Sorte Tier haben wolle. Dann fing ich an, den Idiurus zu beschreiben. Ich zeigte ihnen eine Zeichnung des Tieres, die von Hand zu Hand ging, und alle schüttelten die Köpfe und erklärten betrübt, daß sie es nie gesehen hätten. Meine Hoffnung sank. Dann wählte ich drei Jäger aus, mit denen ich früher gearbeitet hatte. Ich befahl ihnen, sofort in den Wald zu gehen und alle hohlen Bäume, die sie fänden, zu markieren. Am nächsten Tag sollten sie kommen, mir melden, was sie ausgerichtet hatten, und mich zu den Bäumen führen. Dann fragte ich, ob jemand da sei, der auf Bäume klettern könne. Ungefähr ein Dutzend Hände hoben sich. Die Freiwilligen waren ein sehr gemischter Haufen, und ich betrachtete sie voller Mißtrauen.

«Ihr können auf Stock klettern?» fragte ich.

«Ja, Sah, wir das können», klang es schnell und wenig überzeugend im Chor.

Ich deutete auf einen riesigen Baum am Rande des Dorfes.

«Ihr können klettern auf diesen hohen Stock?» forschte ich. Sogleich schmolz die Zahl der Freiwilligen zusammen, bis schließlich nur noch ein Mann die Hand erhoben hielt.

«Du können auf den großen Stock klettern?» wiederholte ich und dachte, er habe mich nicht verstanden.

«Ja, Sah», sagte er.

«Sicher?»

«Ja, Sah, ich können auf ihn klettern. Ich können auf größeren klettern als dieser da.»

«Gut, dann du kommen morgen in Busch mit mir. Du mich hören?»

«Ja, Sah», sagte der Mann und grinste.

«Nun, wie sie dich nennen?»

«Peter, Sah.»

«Gut, du kommen morgen früh-frühe Zeit.»

Die Jäger und die anderen Dorfbewohner zerstreuten sich; ich packte meine Ausrüstung aus und bereitete mich für den nächsten Tag vor. Das ganze Dorf kehrte still und lautlos am Abend wieder und sah mir bei meinem Bad zu. Dies ging verhältnismäßig leicht, denn die Wände der Tanzhalle hatten viele Fenster und Risse. Es müssen ungefähr fünfzig Personen gewesen sein, die zuschauten, wie ich mich mit Seife abrieb und vergnügt dabei sang, aber es dauerte einige Zeit, ehe ich mir dieser Tatsache bewußt wurde. Es regte mich nicht sonderlich auf, denn ich bin nicht übermäßig schamhaft, und solange sich mein Publikum (das zur Hälfte aus Frauen bestand) ruhig verhielt und keine unzüchtigen Bemerkungen machte, war es mir gleich, ob es mich beobachtete. Aber Jakob erschien gerade in dem Moment und war maßlos empört über die abscheuliche Indiskretion der Dorfbewohner. Er ergriff einen Stock, stürzte sich auf sie, trieb sie fort, und der Haufen stob schreiend auseinander. Keuchend und erfüllt von gerechtem Zorn kehrte er zurück. Bald darauf entdeckte ich, daß er zwei aus der Menge übersehen hatte, denn ihre ernsten schwarzen Gesichter preßten sich gegen das Fenster. Ich rief Jakob herbei.

«Jakob», sagte ich und zeigte mit meiner seifigen Hand auf das Fenster, «sie wiedergekommen.»

Er betrachtete die Gesichter genau.

«Nein, Sah», sagte er todernst, «dies sein mein Freunde.»

Offenbar durfte ich nicht durch das Zuschauen einer x-beliebigen Menge von Dorfbewohnern entweiht werden, aber Jakobs persönliche Freunde gehörten einer anderen Kategorie an.

Erst viel später erfuhr ich, daß Jakob ein tüchtiger Geschäftsmann war: Zuerst hatte er die Menge vertrieben, doch dann verkündet, daß jeder zurückkehren könne, der ihm einen Penny für die Vergünstigung zahle, mir beim Baden zuschauen zu dürfen. Er erzielte recht gute Einnahmen bei den simpleren Mitgliedern der Dorfgemeinschaft, von denen viele noch nie einen Europäer gesehen hatten und die Wetten untereinander abschlossen, ob ich am ganzen Körper weiß sei oder nicht.

Früh am nächsten Morgen erschienen meine Jäger und der Baumkletterer. Es hatte sich herumgesprochen, daß die Jäger etwa dreißig hohle Bäume in verschiedenen Teilen des Waldes gefunden hätten. Diese wären jedoch über ein so weites Gebiet verstreut, daß es unmöglich sei, sie alle an einem Tag zu untersuchen. So beschloß ich, zuerst die entferntesten aufzusuchen und mich allmählich ins Dorf zurückzuarbeiten.

Der Pfad, den wir einschlugen, war ein typischer Buschpfad, ungefähr einen halben Meter breit, der sich wie eine sterbende Schlange zwischen den Bäumen hindurchwand. Zuerst ging es einen äußerst steilen Hang hinauf, an massigen Felsblöcken vorbei, deren jeder oben mit Farnen und Moos bedeckt und mit einer kleinen, rosablühenden primelähnlichen Pflanze getupft war. Da und dort hingen große Lianen von den Bäumen herab oder schlängelten sich in eigenartigen Formen wie Riesenpythons über unseren Pfad. Auf der Höhe dieses steilen Hanges lief der Pfad flach über den Waldboden zwischen den Riesenstämmen dahin. Das Waldesinnere war kühl, und das Licht flimmerte matt durch das dichte Gitterwerk des Laubes; das alles wirkte so seltsam wie eine submarine Landschaft. Der Urwald ist nicht jene wirre Masse von Unterholz, als die er geschildert wird. Er setzt sich aus riesigen säulengleichen Baumstämmen zusammen, die weit auseinander stehen. Im schütteren Unterholz wachsen junge Schößlinge und niedrige Pflanzen, die sich im Dämmerlicht verstecken. So zogen wir dahin und folgten ungefähr sechs Kilometer lang dem kaum sichtbaren Pfad. Dann hielt einer der Jäger an und stieß dröhnend sein Buschmesser in den Stamm eines großen Baumes.

«Dies Baum da haben Loch innen», erklärte er.

Am Fuß des Stammes war ein Spalt von ungefähr dreiviertel Meter Breite und einem Meter Höhe. Ich bückte mich, steckte meinen Kopf hinein und drehte mich dann um, so daß ich im Stamm hinaufsehen konnte. Aber wenn es in der Höhe eine Öffnung gab, so war sie meinen Blicken durch eine Biegung des Stammes entzogen, denn kein Licht sickerte von oben herein. Ich schnüffelte, aber konnte nichts als faulendes Holz riechen. Der Fuß des Stammes wies nur ein paar Exkremente von Fledermäusen auf und die vertrockneten Larven einiger Insekten. Das sah nicht nach einem besonders ergiebigen Baum aus, aber ich dachte, daß wir ihn trotzdem ausräuchern sollten, um zu sehen, was er beherbergte.

Einen Urwaldriesen auszuräuchern, wenn man dies nur gelegentlich tat, ist eine aufregende Prozedur. Während meiner Suche nach dem Idiurus nahm der Nervenkitzel beträchtlich ab, weil wir täglich sehr viele Bäume ausräuchern mußten und sich bei einem großen Teil von ihnen herausstellte, daß nichts darin war. Das Ausräuchern eines Baumes ist eine Kunst für sich und verlangt eine gewisse Praxis, ehe man es vollkommen beherrscht. Wenn man einen Baum gefunden und sich vergewissert hat, daß er bis zum Wipfel hohl ist, muß man erst einmal feststellen, ob längs des Stammes Ausgänge vorhanden sind, und gegebenenfalls einen Mann hinaufschicken, der sie mit Netzen verkleidet. Dann breitet man ein Netz über das Hauptloch am Fuß des Baumes, und zwar so, daß es die Rauchentwicklung nicht beeinträchtigt und doch das Entkommen jedes Lebewesens verhindert. Die Hauptsache ist, daß das Netz standhält. Nichts kann einen so erbittern wie ein Netz, das herunterfällt und einen in seine Maschen verwickelt, gerade im Augenblick, da die Tiere aus dem Inneren des Baumes zu entweichen beginnen.

Sind alle Netze angebracht, muß man sich mit dem Problem des Feuers befassen: Dieses darf unbedingt nur Rauch und keine Flammen entwickeln, wenn man nicht gebratene Spezies haben will. Zuerst tut man einen Haufen trockener Zweige, die in Kerosin getränkt worden sind, in die Öffnung und zündet sie an. Sobald sie brennen, legt man eine Handvoll frischer Blätter darauf und ergänzt diese ständig. Das Verbrennen der frischen Blätter entwickelt kaum eine Flamme, dafür aber große Mengen beißenden Rauches, der sofort in die Höhlung des Baumes aufsteigt. Das nächste Problem besteht darin, zu starke Rauchentwicklung zu verhindern, denn wenn man nicht vorsichtig ist, ersticken die Tiere, ehe sie aus dem Baum flüchten können. Es kommt alles darauf an, den goldenen Mittelweg zwischen dem Rösten und dem Ersticken der Beute zu finden. Wenn man einmal das Feuer entzündet und mit frischen Blättern überdeckt hat, dauert es ungefähr drei Minuten (dies hängt von der Größe des Baumes ab), ehe der Rauch überallhin vordringt und die Tiere anfangen auszubrechen.

Wir räucherten unseren ersten Baum aus, und das ganze Resultat war ein empörter Nachtfalter. Wir nahmen die Netze herunter, löschten das Feuer und setzten unseren Weg fort. Der nächste von den Jägern markierte Baum war dreiviertel Kilometer entfernt, und als wir ihn erreichten, trafen wir dieselben Maßnahmen. Diesmal war es etwas aufregender, denn obgleich kein Idiurus im Stamm saß, war doch etwas mehr Leben darin. Das erste Wesen, das wir aufstöberten, war ein kleiner Gekko, schön schokoladefarben und aschgrau gestreift. Diese kleinen Eidechsen kommen im tiefen Walde recht häufig vor, und man findet im allgemeinen zwei bis drei in jedem ausgeräucherten Baum. Dem Gecko folgten drei Geschöpfe auf den Fersen, die wie große braune Würste mit einer wallenden Franse von Beinen auf jeder Seite aussahen, als sie hastig aus dem Rauch krochen: Es waren riesenhafte Tausendfüßler, große, dumme und völlig harmlose Tiere, die überall im Walde anzutreffen sind. Hohle Stämme sind ihr Lieblingsaufenthalt, denn ihre Nahrung besteht aus verrottetem Holz. Dies schien der ganze Inhalt des Baumes zu sein. Wir nahmen die Netze herunter, löschten das Feuer und gingen weiter. Der nächste Baum war ganz unbewohnt und ebenso die drei folgenden Stämme. Der siebente Baum förderte eine kleine Kolonie von

Fledermäusen zutage, die alle aufgeregt aus einem Loch im Wipfel herausflatterten, als Peter den Baum zu erklettern versuchte.

Diese mühsame Prozedur: die Netze aufzuhängen, den Baum auszuräuchern, die Netze abzunehmen und den nächsten Baum aufzusuchen, wurde fünfzehnmal an jenem Tage wiederholt, und bis zum Abend hatten wir uns tausend schmerzhafte Risse und Hautabschürfungen zugezogen, und unsere Kehlen waren rauh vom Einatmen des Rauches. Wir waren alle zutiefst deprimiert, denn wir hatten nicht nur keinen Idiurus, sondern überhaupt nichts von Bedeutung gefangen. Als wir den letzten Baum erreichten, den wir vor Einbruch der Dunkelheit noch ausräuchern konnten, fühlte ich mich so müde, daß es mir ganz einerlei war, ob ein Idiurus im hohlen Stamm saß oder nicht. Ich hockte auf dem Boden, rauchte eine Zigarette und beobachtete die Jäger bei ihren Vorbereitungen. Der Baum wurde ausgeräuchert, und nichts kam aus seinem Inneren zum Vorschein. Die Jäger schauten mich an.

«Ihr jetzt die Netze herunternehmen, wir nach Eshobi zurückgehen», sagte ich müde.

Jakob war eifrig damit beschäftigt, das Netz von dem Stamm abzuwickeln, als er anhielt und auf etwas starrte, das innen im Baum lag. Er bückte sich, hob es auf und kam zu mir.

«Massa dies Art Fleisch wollen?» fragte er schüchtern.

Ich sah hin und bekam einen tüchtigen Schrecken, denn von seiner Hand baumelte an dem langen fedrigen Schwanz mit geschlossenen Augen und keuchenden Flanken tatsächlich ein Idiurus – ein Flugbilch! Jakob legte das mausgroße Geschöpf in meine hohlen Hände, und ich betrachtete es: Es war völlig bewußtlos, offenbar durch den Rauch fast erstickt.

«Schnell, Jakob!» rief ich in Todesangst. «Du mir bringen kleine Schachtel, ihn hineinzutun ... Nein, nicht die, eine gute ... nun du etwas Blätter hineintun ... wenig Blatt, du Idiot, nicht halben Baum ... so, jetzt sein richtig.» Ehrfurchtsvoll tat ich den Idiurus in die Schachtel und warf noch einen Blick auf ihn. Da lag er ganz schlapp und bewußtlos, seine Brust keuchte und seine kleinen rosa Pfoten zuckten. Er schien dem Tod nahe: Hastig griff ich nach einem großen Büschel Blätter und fächelte ihm heftig Luft zu. Durch diese merkwürdige Form von künstlicher Atmung, die ich eine Viertelstunde lang anwandte, schien er sich zu meinem Entzücken zu erholen. Seine Augen öffneten sich und blickten trübe, er drehte sich auf den Bauch und sah sehr elend aus. Ich fächelte ihm noch eine Zeitlang Luft zu, dann schloß ich behutsam die Schachtel.

Während ich versucht hatte, den Idiurus ins Leben zurückzurufen, standen die Jäger still und besorgt im Kreis um mich herum, jetzt, da sie sahen, daß das Tier wieder zu sich kam, grinsten sie vor Wonne. Wir untersuchten schleunigst das Innere des Baumes, um nachzusehen, ob noch mehr Flugbilche herumlagen, aber wir fanden nichts. Das wunderte mich außerordentlich, denn die Tierchen sollen in großen Kolonien zusammen leben. Einen einzelnen Idiurus zu finden war demnach außergewöhnlich. Ich hoffte zuversichtlich, daß die Bücher nicht unrecht hatten. Einige Exemplare aus einer Kolonie herauszufangen ist ungleich einfacher als Einzeltiere aufzuspüren und zu erwischen. Ich hatte indessen jetzt keine Zeit, mir Sorgen darüber zu machen. Ich wollte das kostbare Tier rasch ins Dorf bringen; wir packten daher die Netze zusammen und machten uns so schnell wie möglich durch den dämmrigen Wald auf den Heimweg. Ich trug die Schachtel, in der der Idiurus lag, in meinen hohlen Händen so vorsichtig, als ob sie Eier enthielte, und in Abständen fächelte ich ihm durch den Gazedeckel Luft zu.

Als ich in der Tanzhalle des Dorfes gelandet war, machte ich einen größeren Käfig für das wertvolle Tier zurecht und setzte es dann dort hinein. Das war nicht so einfach, denn mittlerweile hatte es sich von dem Rauch ganz erholt und trippelte mit beträchtlicher Schnelligkeit umher. Schließlich gelang es mir, es in den neuen Käfig hineinzumanövrieren, ohne daß es mir entwischte oder mich biß, und dann stellte ich mein stärkstes Licht daneben, um es gut betrachten zu können.

Der Idiurus war von der Größe einer gewöhnlichen Hausmaus und sah ihr im großen ganzen sehr ähnlich. Das erste, was meine Aufmerksamkeit auf sich zog, war sein Schwanz: Er war sehr lang (ungefähr zweimal so lang wie sein Körper) und zu beiden Seiten mit einer Franse aus langen, gewellten Haaren bewachsen, so daß der ganze Schwanz wie eine zerzauste Feder aussah. Sein Kopf war groß und ziemlich vorgewölbt, mit kleinen, spitzen Satansohren. Seine Augen waren kohlschwarz, klein und etwas vorquellend. Seine Nagezähne – ein Paar großer, hellorangefarbener Schneidezähne – traten in leichtem Bogen aus dem Maul hervor, was ihm, von der Seite gesehen, einen höchst anmaßenden Ausdruck verlieh. Aber das Seltsamste an ihm war sicher die Flughaut, die an beiden Seiten seines Körpers entlanglief. Dies war ein langer, zarter Hautlappen, der an seinen Fußgelenken und an einem langen, leicht gebogenen, knorpeligen Ansatz befestigt war, der aus seinem Arm gleich hinter dem Ellbogen herauswuchs. In Ruhestellung lag diese Flughaut wie ein zerknittert zusammengeraffter Vorhang an der Seite seines Körpers. Wenn der Flugbilch sich jedoch in die Luft warf, streckte er die Beine, wodurch sich die Flughaut straffte und sich wie die Flügel eines Segelflugzeuges betätigte. Später konnte ich feststellen, wie geschickt sich der Flugbilch mit diesem primitiven Gleitapparat in der Luft bewegt.

Als ich diese Nacht zu Bett gegangen war und das Licht ausgelöscht hatte, konnte ich mein neues Beutestück in seinem Käfig herumrascheln und -trippeln hören, und ich stellte mir vor, was für ein Festschmaus für den Flugbilch die vielen Speisen sein müßten, die ich ihm hineingestellt hatte. Aber als es dämmerte und ich verschlafen aus dem Bett kroch, um einen Blick auf den Idiurus zu werfen, entdeckte ich, daß er nichts gefressen hatte. Ich machte mir keine besonderen Sorgen deswegen, denn manche Tiere verweigern unmittelbar nach der Gefangennahme das Fressen, bis sie sich an die Gefangenschaft gewöhnt haben. Wie lange das dauert, ist nicht nur bei jeder Art, sondern auch bei jedem Individuum verschieden. Ich war überzeugt, daß mein Flugbilch irgendwann untertags vom obersten Teil des Käfigs, wo er sich anklammerte, herunterkommen und seine Portion fressen werde.

Als die Jäger erschienen, gingen wir durch den nebelbleichen Wald zu weiteren bezeichneten Bäumen. Vom nächtlichen Schlaf und dem gestrigen Fang eines Idiurus erquickt, machten wir uns mit wesentlich mehr Begeisterung an unsere Räucherarbeit. Aber bis Mittag hatten wir zehn Bäume untersucht und nichts gefunden. Mittlerweile waren wir in einen Teil des Waldes gekommen, wo die Bäume eine selbst für westafrikanische Wälder ungeheure Größe erreichten. Sie standen weit auseinander, und trotzdem verflochten sich ihre massiven Äste. Die Stämme dieser Bäume hatten in der Regel mindestens viereinhalb Meter im Durchmesser. Sie hatten große Stützwurzeln, die aus dem unteren Stamm herauswuchsen wie Strebepfeiler aus der Wand einer Kathedrale. Jede mündete in etwa drei Meter Höhe in den Stamm, und zwischen ihnen war Platz für ein geräumiges Zimmer. Einige wurden von dichten, kräftig aussehenden Schlinggewächsen vom Umfang meines Körpers umklammert. Wir bahnten uns einen Weg zwischen den Riesenbäumen und erreichten schließlich eine abschüssige Stelle im ebenen Waldboden, eine kleine Senke, in der einer dieser Baumriesen so gut wie allein stand. Am Rande der Wiese hielten die Jäger an und deuteten hinunter.

«Na, dies groß Stock haben zu viel-viel Loch, Sah», sagten sie.

Wir näherten uns dem Stamm, und ich sah, daß zwischen zwei Pfeilern ein großer gewölbter Spalt im Holz klaffte. Dieses Loch hatte ungefähr die Größe und Form eines kleinen Kirchenportals. Ich blieb am Eingang des Loches stehen und schaute hinauf: Der Baumstamm ragte über mir zum Himmel empor, ungefähr sechzig Meter hoch, glatt und ohne Äste. Nicht ein Stumpf, nicht ein Ast unterbrach die Oberfläche dieser hölzernen Säule. Ich hegte die leise Hoffnung, daß der Baum leer sei, denn ich konnte mir um nichts in der Welt vorstellen, wie irgend jemand zur Spitze hinaufklettern und Netze über die Ausgangslöcher breiten sollte, falls überhaupt welche vorhanden waren. Ich betrat die Höhlung im Baum, als ginge ich in ein Zimmer, in dem reichlich Platz war; die Sonne drang schwach durch den Eingang herein, und allmählich gewöhnten sich meine Augen an das spärliche Licht. Ich spähte hinauf, aber eine leichte Krümmung des Stammes hinderte mich daran, mehr als ein kurzes Stück zu übersehen. Ich untersuchte die Wände des Baumes und fand, daß sie aus faulendem Holz bestanden und weich und schwammig waren. Als ich mit den Füßen dagegenstieß, stellte ich fest, daß es leicht sei, Stufen hineinzutreten, und ich kletterte emsig im Inneren des Stammes aufwärts, bis es mir möglich war, um die Biegung herum zu schauen. Der Stamm ragte so hohl wie ein Fabrikschlot empor und war ebenso hoch. Im äußersten Wipfel befand sich ein großes Ausgangsloch, durch das ein Sonnenstrahl drang. Dann – fast hätte ich vor Aufregung meinen unsicheren Halt verloren – sah ich plötzlich, daß der oberste Teil des Stammes buchstäblich mit einem lebenden Teppich von Flugbilchen bedeckt war. Die Tierchen glitten auf dem vermoderten Holz so behende und lautlos wie Schatten umher, und wenn sie sich nicht bewegten, entschwanden sie gänzlich den Blicken, so vollkommen paßten sie sich dem Hintergrund an. Ich schlitterte wieder hinunter und trat ins Freie. Die Jäger blickten mir erwartungsvoll entgegen.

«Sein Fleisch drinnen, Massa?» fragte einer.

«Ja, sein viel Fleisch drinnen. Ihr schauen.»

Aufgeregt schnatternd, kletterten sie in die Baumhöhlung, deren Größe man daraus ermessen kann, daß die drei Jäger, Peter der Baumkletterer und Jakob bequem darin Platz hatten. Ich konnte ihre erstaunten Rufe hören, als sie die Tiere erblickten, und die scharfen Worte, die gewechselt wurden, als jemand (ich hatte Jakob im Verdacht) in seiner Aufregung einem anderen ins Gesicht trat. Ich ging langsam um den Stamm herum und suchte seine Rinde nach irgendeinem Halt für Füße und Hände ab, der es Peter ermöglichen könnte, zum Wipfel emporzuklettern; aber die Rinde war so glatt wie eine Billardkugel. Soweit ich es beurteilen konnte, war der Baum nicht zu ersteigen, und ich dämpfte die Ausgelassenheit der Jäger, indem ich ihnen das klarmachte, als sie aus dem Stamm herauskamen. Während wir auf der Erde saßen, rauchten und die Angelegenheit besprachen, streifte Jakob in der Senke herum und maß die Bäume mit finsteren, wilden Blicken. Schließlich kam er zu uns und sagte, daß er glaube, eine Möglichkeit gefunden zu haben, wie Peter zum Wipfel hinaufkäme. Wir folgten ihm an den äußersten Rand der Senke, und dort zeigte er auf einen hohen, dünnen, jungen Baum, dessen Spitze gerade einen der großen Äste des Hauptbaumes erreichte. Jakob schlug vor, daß Peter den Schößling hinaufklettern und auf den Ast hinüberwechseln solle, um dann auf diesem bis zu dem Wipfel des hohen Stammes vorzudringen. Peter musterte den jungen Baum mißtrauisch und sagte dann, daß er es versuchen wolle. Er spuckte in die Hände, umklammerte den Stamm des Schößlings und kletterte hinauf, indem er seine Zehen, die nahezu Greifzehen waren, dazu benützte, einen sicheren Halt auf der Rinde zu finden. Als er jedoch die halbe Höhe – ungefähr zwanzig Meter über dem Boden – erreicht hatte, begann der Schößling, sich unter seinem Gewicht zu biegen, und ehe er noch viel weiter gekommen war, ließ der Stamm ein bedrohliches Knacken vernehmen. Es war klar, daß das Bäumchen zu schwach war, um das Gewicht meines korpulenten Kletterers zu tragen, und er war gezwungen, auf den Boden zurückzukehren. Jakob grinste vor Erregung und kam zu mir herübergetrottet.

«Massa, ich können auf dies Stock klettern», sagte er. «Ich nicht fetter Mann wie Peter.»

«Fett!» meinte Peter empört. «Wen du fett nennen, eh? Ich nicht fett sein! Stock nicht Kraft haben, Mann zu halten, das sein alles.»

«Du sein fett!» sagte Jakob voller Hohn. «Immer-immer du füllen Bauch mit Essen, und jetzt Massa wollen, du klettern auf dies Baum, du nicht können.»

«Gut, gut», sagte ich schnell, «du versuchen zu klettern, Jakob. Aber du achtgeben, du nicht fallen, eh?»

«Ja, Sah», sagte er und rannte zu dem Schößling.

Er schwang sich auf den Stamm und kroch hinauf wie eine Raupe.

Da Jakob nur halb soviel wog wie Peter, war er bald auf der höchsten Spitze des Schößlings, und der Baum stand immer noch aufrecht, obgleich er sanft hin- und herschwang. Jedesmal, wenn er an dem Ast des großen Baumes vorbeikam, griff Jakob rasch zu, verfehlte ihn aber jedesmal. Endlich schaute er zu uns herab.

«Massa, ich ihn nicht greifen können», rief er.

«Gut, du kommen herunter», schrie ich zurück.

Er rutschte schnell herab, und ich gab ihm das Ende eines langen, starken Seiles.

«Du das binden an Spitze, eh? Wenn du fertig, dann wir ziehen an klein-klein Stock, daß er kommen zu großen Stock. Du mich verstehen?»

«Ja, Sah», sagte Jakob vergnügt und krabbelte den Baum wieder hinauf.

Als er abermals den Wipfel erreicht hatte, befestigte er das Seil an dem Schößling und rief herunter, daß er fertig sei. Wir ergriffen das Seil und zogen kräftig an. Als wir langsam über die Lichtung rückwärts schritten, wobei unsere Zehen sich in den weichen Laubboden gruben, um Halt zu gewinnen, bog sich der junge Baum allmählich vor, bis seine Spitze den starken Ast berührte. Behende wie ein Hörnchen hatte Jakob sich gestreckt, den Ast ergriffen und sich hinübergeschwungen. Wir klammerten uns noch immer an den Schößling, bis Jakob ein Stück Seil aus seinem Lendentuch geholt und die Spitze des Bäumchens an den Ast geknüpft hatte, auf dem er jetzt lag. Als der junge Baum festgebunden war, ließen wir langsam das Seil los. Jakob stand nun aufrecht auf dem Ast, hielt sich an den kleinen Zweigen fest, die daraus hervorsproßten, und bahnte sich langsam seinen Weg zum Hauptstamm. Er ging behutsam, denn der Ast, der ihm als Weg diente, war dicht überwachsen von Orchideen, Schlingpflanzen und Farnen, bot also einen idealen Schlupfwinkel für Baumschlangen. Als er die Stelle erreicht hatte, wo der Ast in den Stamm mündete, setzte er sich rittlings nieder und ließ eine lange Schnur zu uns herunter. An ihr Ende banden wir ein Bündel Netze und auch einige kleine Schachteln, in die er jedes Tier tun sollte, das er im Wipfel fand. Er knotete sie um seine Mitte fest und kroch um den Baum herum zu dem Loch, das an der Stelle war, wo die großen Äste vom Stamm abzweigten. Er hockte sich nieder, breitete das Netz über das Loch, stellte die Schachteln bequem in Reichweite auf und grinste dann spitzbübisch zu uns herunter.

«So, Massa, dein Jägersmann jetzt sein fertig», rief er.

«Jägersmann!» murmelte Peter entrüstet. «Dies Koch nennen sich Jägersmann ... eh ... aehh!»

Wir sammelten eine Menge trockener Zweige und grüner Blätter und bereiteten ein Feuer in der riesigen schlotartigen Höhlung des Baumes. Dann entzündeten wir das Holz, deckten es mit Blättern zu und breiteten ein Netz über die gewölbte Öffnung.

Einige Minuten lang glimmte das Feuer lustlos, doch dann wurde die dünne Rauchfahne stärker, bis schließlich dichter Qualm in das hohle Innere des Baumes drang. Als der Rauch im Stamm hochzog, bemerkte ich, daß es noch mehrere Löcher gab, die wir nicht gesehen hatten, denn ungefähr zehn Meter über dem Boden drangen schwache Rauchfetzen aus verschiedenen Stellen der Rinde, stiegen auf und zergingen in der Luft.

Jakob, der oben auf seinem schwachen Ast saß, schaute in das Innere des Stammes, als die dichte Säule grauen Rauches emporfuhr und ihn einhüllte. Wir hörten, wie er hustete und nach Atem rang, und sahen, daß er behutsam im Rauch herumrutschte, um einen angenehmeren Platz zu finden. Mir, der ich aufgeregt wartete, schien es unwahrscheinlich lange zu dauern, ehe die Flugbilche die Wirkung des Qualms verspürten.

Ich überlegte gerade, ob sie alle sofort das Bewußtsein verloren hätten, bevor sie entweichen konnten, als der erste Idiurus ausbrach. Er trippelte aus der Öffnung am Fuße des Baumes hervor, versuchte, sich in die Luft zu werfen, und verwickelte sich sogleich ins Netz. Einer der Jäger rannte herbei, um ihn zu befreien, aber ehe ich ihm noch zu Hilfe eilen konnte, entschloß sich die ganze Kolonie, den Baum zu verlassen. Etliche zwanzig Flugbilche erschienen am Hauptausgang und sprangen in das Netz. Im Wipfel des Baumes, den jetzt Rauchwolken verhüllten, konnte ich Jakob vor Aufregung quietschen und ab und zu Angstschreie ausstoßen hören, wenn er von einem Idiurus gebissen wurde. Zu meinem Ärger entdeckte ich, daß die Flugbilche aus den winzigen Öffnungen, die ich vorher in etwa zehn Meter Höhe festgestellt hatte, ins Freie schwärmten. Sie krabbelten auf der Borke herum, wobei weder das starke Sonnenlicht noch unsere Gegenwart sie zu beunruhigen schienen, denn sie kamen bis auf ungefähr zwei Meter Höhe herunter. Sie bewegten sich mit unglaublicher Schnelligkeit und schienen eher zu gleiten als zu rennen. Dann brach eine besonders große, beißende Rauchwolke hervor, hüllte sie ein und veranlaßte sie, sich in die Luft zu werfen.

Ich habe dann und wann merkwürdige Dinge gesehen, aber an den Flug der «fliegenden Mäuse» werde ich mein Leben lang denken. Der gewaltige Raum war von hin und her wogenden Wolken grauen Rauches eingehüllt, die ein ätherisches Blau annahmen, wenn die breiten Sonnenstrahlen sie durchdrangen. In diese stürzten sich die Flugbilche. Sie verließen den Stamm anscheinend ohne die geringste Anstrengung beim Absprung; eben noch klammerten sie sich mit gespreizten Gliedern an die Rinde, und im nächsten Augenblick schwebten sie schon in der Luft. Ihre winzigen Beinchen waren ausgestreckt, und ihre Flughäute spannten sich zu beiden Seiten. Sie strichen und trieben durch die wallenden Wolken mit der Sicherheit und Geschicklichkeit von jagenden Schwalben, drehten und kurvten mit unglaublicher Gewandtheit und offenbar sehr geringer oder gar keiner Körperbewegung. Es war reiner Gleitflug, und was sie in der Beziehung leisteten, ließ mich staunen. Ich sah einen Idiurus etwa zehn Meter über dem Erdboden den Baum verlassen. Er glitt in geradem und stetigem Flug über die Talsenke und landete auf einem Baum ungefähr fünfzehn Meter entfernt, wobei er an Höhe wenig – wenn überhaupt etwas – einbüßte. Andere verließen den Stamm des in Rauch gehüllten Baumes, glitten in immer enger werdenden Spiralen um ihn herum und ließen sich dann tiefer unten wieder darauf nieder. Einige machten in S-Kurven die Runde um den Baum und kehrten mit großer Genauigkeit auf ihren alten Spuren zurück. Ich mußte über ihre wunderbare Geschicklichkeit staunen, denn im Walde herrschte kein Wind, um den Luftauftrieb zu erzeugen, der mir für ihre schwierigen Manöver notwendig schien.

Obgleich eine Anzahl von ihnen in den Wald geflogen war, stellte ich fest, daß die Mehrzahl beim Hauptstamm blieb und sich damit begnügte, ihn in engem Kreis zu umfliegen, wenn der Rauch zu dicht wurde. Das brachte mich auf einen Gedanken. Ich löschte das Feuer, und nachdem der Rauch sich allmählich verzogen hatte, krabbelten die Flugbilche, die auf dem Baum saßen, alle wieder hinein. Wir ließen ihnen Zeit, sich festzusetzen. Inzwischen betrachtete ich die Exemplare, die wir gefangen hatten. Am Fuß des Stammes hatten wir acht Weibchen und vier Männchen erwischt; auch Jakob ließ nun aus der raucherfüllten Höhe seine Beute herunter. Sie bestand aus zwei weiteren Weibchen, einem Männchen und überdies aus den zwei merkwürdigsten Fledermäusen, die ich je gesehen habe. Sie hatten goldbraune Rücken, helle, zitronengelbe Hemdbrüste, Gesichter wie Schweine und lange Schweinsohren, die ihnen über die Nase hingen.

Als sämtliche Flugbilche in den Baum zurückgekehrt waren, fachten wir das Feuer wieder an, und von neuem stoben sie heraus. Diesmal waren sie aber gescheiter geworden, und die Mehrzahl mied die Netze bei der Hauptöffnung. Jakob im Wipfel hatte mehr Glück und ließ bald einen Sack mit zwanzig Exemplaren herunter, was mir für heute genug schien. Wir löschten das Feuer, nahmen die Netze ab, holten Jakob von seinem Hochsitz herunter (nicht ohne Schwierigkeit, denn er wollte durchaus den Rest der Kolonie fangen), und dann machten wir uns auf, um die sechs Kilometer durch den Wald ins Dorf zurückzulegen. Ich hielt den kostbaren Sack mit den quietschenden und strampelnden Flugbilchen vorsichtig in den Händen. Gelegentlich machte ich ihn auf und fächelte ihnen Luft zu, denn ich war nicht überzeugt, daß das feine Leinen des Sackes genügend luftdurchlässig sei.

Müde und schmutzig erreichten wir kurz nach Einbruch der Dunkelheit das Dorf. Ich tat meine Flugbilche in den größten Käfig, den ich besaß, aber ich stellte zu meiner Beunruhigung fest, daß er für eine so große Anzahl zu klein war. Dummerweise hatte ich nur mit zwei oder drei Flugbilchen gerechnet – vorausgesetzt, daß ich überhaupt welche fangen würde – und daher keinen wirklich großen Käfig mitgebracht. Ich fürchtete, viele würden den Morgen nicht erleben, wenn ich sie über Nacht in einem derart beschränkten Raum ließe. Es blieb kein anderer Ausweg, als die wertvollen Tiere so schnell wie möglich ins Hauptlager zu schaffen. Ich teilte Smith in einem kurzen Brief mit, daß ich Erfolg gehabt habe und gegen Mitternacht mit den Tieren eintreffen werde, und bat ihn, einen großen Käfig für sie bereitzuhalten. Diese Nachricht sandte ich umgehend ab, dann nahm ich ein Bad und aß eine Kleinigkeit. Ich rechnete damit, daß mein Brief ungefähr eine Stunde vor mir im Lager eintreffen würde, so daß Smith genügend Zeit hätte, einen Käfig herzurichten.

Gegen zehn Uhr abends setzte sich mein kleiner Trupp auf der Eshobi-Straße in Bewegung. Voran ging Jakob mit einer Laterne. Ihm folgte ein Träger, der den Kasten mit den Flugbilchen auf seinem Wollhaupt balancierte. Der nächste in der Reihe war ich; hinter mir kam ein anderer Träger mit meinem Bett auf dem Kopf. Der Eshobi-Pfad ist schon schlecht genug bei hellem Tageslicht, aber bei Nacht ist er eine Todesfalle. Die Laterne als Lichtquelle war ungefähr so viel wert wie ein bleichsüchtiges Glühwürmchen! Ihr Licht genügte gerade, um alles zu verzerren und die Felsen in tiefe Schatten zu hüllen. Dies verlangsamte natürlich unser Vorwärtskommen. Normalerweise hätte dieser Marsch zwei Stunden gedauert; in jener Nacht brauchten wir fünf dazu. Fast die ganze Zeit über war ich einem Nervenzusammenbruch nahe, denn der Träger mit dem Käfig der Flugbilche hopste und sprang wie eine Berziege zwischen den Felsen umher, so daß ich jeden Augenblick fürchtete, er werde ausrutschen und mein kostbarer Kasten mit den Tieren krachend auf dem Hohlweg landen. Je schlechter der Pfad wurde, um so waghalsiger gebärdete sich der Träger, und ich war überzeugt, daß es nur eine Frage der Zeit sei, wann er stürzen würde.

«Mein Freund», rief ich, «wenn du mein Fleisch fallen lassen, wir nicht erreichen Mamfe zusammen. Ich dich begraben hier.»

Er verstand den zarten Wink und setzte sein Tempo wesentlich herab.

Als wir einen Fluß überquerten, nahm mein Schatten dem Träger hinter mir die Sicht; er tat einen falschen Schritt, stolperte, und mit einem lauten Platsch landete mein Bett mitsamt dem Bettzeug im Wasser. Er war ganz außer sich darüber, obgleich ich ihm versicherte, daß es vor allem meine Schuld gewesen sei. Wir gingen weiter; der Träger mit seiner triefenden Last auf dem Kopf rief in Abständen mit lauter und bekümmerter Stimme:

«Eh, Verzeihung, Sah!»

Der Wald war belebt von kleinen Geräuschen: dem schwachen Knakken von Zweigen, dem gelegentlichen Ruf eines erschreckten Vogels, dem ständigen Schluchzen der Zikaden auf den Baumstämmen und hin und wieder dem schrillen Gequarr eines Laubfrosches. Die Flüsse, die wir überquerten, waren eiskalt und klar; sie züngelten um die großen Felsblöcke und wisperten wie Verschwörer. Einmal stieß Jakob vorn einen lauten Schrei aus, führte einen wilden Tanz auf und schwang seine Laterne, so das die Schatten zwischen den Bäumen sich wanden und drehten.

«He, was sein, was sein?» riefen die Träger.

«Na, Ameisen», sagte Jakob und wirbelte herum, «viel-viel verdammte Ameisen!»

Er hatte nicht aufgepaßt, wo er hintrat, und war in einen Zug von Treiberameisen geraten, die den Pfad überquerten und sich wie ein schwarzer, fünf Zentimeter breiter Bach aus flüssigem Teer von einer Seite des Pfades in das Gebüsch auf der anderen Seite wälzten. Als sein Fuß hineintrat, wallte der ganze Strom plötzlich auf, und innerhalb einer Sekunde schwärmten die Ameisen in Horden über den Boden und breiteten sich wie ein Tintenfleck auf dem braunen Laub weiter und weiter über den Kampfplatz aus. Die Träger und ich mußten einen Umweg durch den Wald machen, um ihrer wütenden Aufmerksamkeit zu entgehen.

Als wir den Schutz des Waldes verließen und in das erste, vom Mondlicht silbern schimmernde Grasfeld traten, fing es zu regnen an. Erst war es nur ein feines, wehendes Nieseln, mehr wie ein Nebel, aber dann kam vom Himmel ganz unvorhergesehen eine wahre Sintflut herab, die das Gras niederbeugte und den Pfad in eine gefährliche Rutschbahn von rotem Schlamm verwandelte. Da ich fürchtete, daß mein Kasten mit dem wertvollen Inhalt naß werden würde und die Flugbilche sterben könnten, zog ich meinen Mantel aus und legte ihn über den Käfig auf dem Kopf des Trägers. Es war kein zureichender Schutz, aber es half doch. Mühsam wateten wir knöcheltief im Schlamm, bis wir den Fluß erreichten, den wir durchqueren mußten. Wir brauchten dazu höchstens drei Minuten, doch die schienen mir endlos, denn der Träger mit den Flugbilchen auf dem Kopf stolperte und schwankte über das steinige Bett, während die Strömung ihn stieß und an ihm zerrte, nur darauf wartend, ihn aus dem Gleichgewicht zu bringen. Aber wir erreichten heil das andere Ufer und sahen bald darauf die Lichter des Lagers durch die Bäume schimmern. Gerade als wir das Zelt betraten, hörte der Regen auf.

Der Käfig, den Smith für die Flugbilche vorbereitet hatte, war keineswegs groß genug, aber mir schien jetzt nur eines wichtig: die Tiere so schnell wie möglich aus dem Kasten herauszuholen, denn dieser triefte wie ein soeben aufgetauchtes Unterseeboot. Behutsam machten wir die Tür auf und beobachteten mit angehaltenem Atem, wie die winzigen Tiere in ihr neues Heim trippelten. Keines schien naß geworden zu sein. Das beruhigte mich, obgleich ein oder zwei von den Strapazen der Reise mitgenommen aussahen.

«Was fressen sie?» fragte Smith, nachdem er sie fünf Minuten lang mit den Augen verschlungen hatte.

«Ich habe keine Ahnung. Der eine, den ich gestern fing, hat gar nichts gefressen, obgleich ich ihm weiß Gott genug Auswahl geboten habe.»

«Hm, ich nehme an, sie werden fressen, wenn sie erst ein wenig eingewöhnt sind.»

«O ja, das denke ich auch», meinte ich zuversichtlich.

Wir stellten in den Käfig alle Sorten von Nahrungsmitteln und Getränken, die wir auftreiben konnten, bis er wie ein Eingeborenenmarkt aussah. Dann hängten wir einen Sack über die Vorderseite und verließen die Flugbilche, damit sie ungestört fressen konnten. Da mein Bett vom Regen- und Flußwasser wie ein Schwamm vollgesogen war, mußte ich eine sehr ungemütliche Nacht auf einem Feldstuhl verbringen. Ich duselte mit Unterbrechungen bis zur Morgendämmerung, dann stand ich auf und humpelte zum Käfig der Flugbilche, hob den Sack in die Höhe und lugte hinein.

Auf dem Boden zwischen den völlig unberührten Speisen und Getränken lag ein toter Idiurus. Die anderen klammerten sich oben am Käfig an wie ein Haufen Fledermäuse und zwitscherten mir mißtrauisch entgegen. Ich entfernte das tote Tier, legte es auf den Tisch und sezierte es sorgfältig. Zu meinem großen Erstaunen war der Magen mit den nur teilweise verdauten roten Schalen von Palmnüssen angefüllt. Das war wirklich das letzte, was ich erwartet hatte, denn die Palmnuß ist – wenigstens in Kamerun – eine Kulturpflanze und wächst nicht wild in den Wäldern. Wenn die Kolonie in der Nacht vor ihrer Gefangennahme Palmnüsse gefressen hatte, so bedeutete dies, daß sie ungefähr sechs Kilometer bis zur nächsten Eingeborenenfarm geflogen sein mußte, um dort wenige Meter über dem Boden einzufallen und zu fressen. Das alles schien sehr rätselhaft, gab mir aber immerhin eine Richtlinie, und so schmückte ich in der folgenden Nacht den Käfig der Flugbilche wie einen Weihnachtsbaum mit Büscheln von Palmnüssen zusätzlich zu den anderen Lebensmitteln. Wir hatten das Futter in der Abenddämmerung hineingetan, und in den nächsten drei Stunden unterhielten wir uns angelegentlich über Themen, die nichts mit Flugbilchen zu tun hatten, und gaben geflissentlich vor, das Quietschen und Rascheln im Käfig nicht zu hören. Nach dem Essen aber nahm die Spannung so überhand, daß wir zum Käfig schlichen und leise einen Zipfel des Sackes hoben.

Die ganze Flugbilch-Kolonie saß auf dem Boden des Käfigs, eifrig mit dem Fressen von Palmnüssen beschäftigt. Die Tiere hockten auf den Hinterbeinen und hielten die Nüsse in ihren winzigen rosa Vorderpfoten wie Eichhörnchen, indem sie sie behende hin und her drehten, während ihre Zähne die scharlachrote Schale abschälten. Sie hörten mit dem Fressen auf, als wir das Sackleinen hoben, und sahen uns an. Ein oder zwei, die schüchterner waren, ließen ihre Nüsse fallen und flohen zur Decke des Käfigs hinauf, aber die Mehrzahl hielt uns für harmlos und fraß weiter. Wir verhängten den Käfig wieder und vollführten einen Kriegstanz quer durch das Zelt, indes wir laute Freudenschreie ausstießen. Die Affen erwachten davon und protestierten schnatternd, und das Personal taumelte aus der Küche, um zu sehen, was los sei. Als die Leute die frohe Botschaft hörten, daß das «Fleisch» endlich fresse, grinsten sie und knackten vor Vergnügen mit den Gelenken, denn unsere Arbeit lag ihnen sehr am Herzen. Den ganzen Tag über hatte im Lager düstere Stimmung geherrscht, weil das «neue Fleisch» nicht fressen wollte; aber nun war alles gut, und die Diener kehrten schwatzend und lachend in die Küche zurück.

Doch unsere Freude war von kurzer Dauer, denn als wir am nächsten Morgen zum Käfig kamen, fanden wir darin zwei tote Flugbilche. Von da an nahm unsere kleine Kolonie von Woche zu Woche stetig ab. Die Tiere wollten nur Palmnüsse fressen, aber das genügte ihnen offensichtlich als Futter nicht. Es war erstaunlich, welche Vielfalt an Futter sie ablehnten – erstaunlich, weil man selbst bei den wählerischsten Tieren meist auf etwas stößt, das sie mögen, wenn man ihnen nur genug zur Auswahl anbietet. Es schien nicht einfach zu sein, die Flugbilche heil nach England zu bringen.

ZWÖLFTES KAPITEL

Ein «Affentheater»

Die lärmendsten, aufreizendsten, aber zugleich liebenswertesten Geschöpfe, die das Zelt mit uns teilten, waren wohl die Affen. Im ganzen besaßen wir vierzig, und das Leben unter einem Dach mit vierzig Affen ist alles eher denn ruhig. Die erwachsenen Tiere waren nicht so arg, aber die Affenkinder verursachten sehr viel Mühe und Mehrarbeit. Sie schrien laut, wenn man sie allein ließ, verlangten ein Fläschchen warme Milch zu jeder Tages- und Nachtzeit; sie erwischten alle möglichen Kinderkrankheiten und ängstigten uns damit zu Tode, sie entwischten aus dem Kinderzimmer und kamen dem Käfig der Goldkatze zu nahe, oder sie fielen in wassergefüllte Kerosinfässer und trieben uns auf jede erdenkliche Weise an den Rand der Verzweiflung. Um mit den Babies fertig zu werden, mußten wir geradezu machiavellistische Pläne schmieden, denn manche von ihnen waren wirklich höchst ungewöhnlich, wie etwa die kleinen Mandrille. Diese Paviane kommen in den Wäldern Kameruns sehr häufig vor, und man brachte uns immer wieder Junge verschiedenen Alters. Der Mandrill, den man in den meisten Zoos antrifft, ist jenes häßliche Tier, das ein grellrosa Hinterteil hat und sich nicht scheut, jeden an dieser Pracht teilhaben zu lassen. Ganz junge Mandrille sind die rührendsten und lächerlichsten Geschöpfe der Welt; sie haben ein sehr feines, silbergraues Fell, und ihre Köpfe, Hände und Füße sehen aus, als seien sie für mindestens dreimal so große Körper bestimmt. Die Hände, Füße und Gesichter haben eine Tönung, die wir als «gekochtes Baby-Rosa» bezeichneten, und ihre kleinen Hinterteile weisen dieselbe Färbung auf. Ihre Körperhaut ist weiß und stellenweise mit großen Flekken von hellem Porzellanblau wie mit Muttermalen übersät. Wie alle Affenkinder haben die Mandrille Glotzaugen, und ihre Arme und Beine sind mager und lang und zittern wie die Glieder alter Leute.

Die ersten Tage seines Lebens verbringt der Mandrill mit seinen muskulösen Händen und Füßen an das dichte Fell der Mutter geklammert. Deshalb verlangten unsere Mandrillkinder – nachdem sie ihre Anhänglichkeit auf uns übertragen und entschieden hatten, daß wir ihre Eltern seien – laut und wild, sich an uns festhalten zu dürfen. Nächst einem Riesenhaufen von Futter ist das Wichtigste im Leben eines jungen Mandrills das Gefühl, ein Besitzrecht auf seinen Ernährer zu haben. Da es fast unmöglich ist zu arbeiten, während sich vier oder fünf Mandrilljunge wie schnatternde Meergreise an einen klammern, mußten wir uns etwas ausdenken, um sie auf andere Weise glücklich zu machen. Wir fanden zwei alte Mäntel und hängten sie über die Rücklehnen von Sesseln mitten im Zelt, dann stellten wir sie den Babies vor. Sie waren gewohnt, uns in den Mänteln zu sehen, denen wahrscheinlich auch ein gewisser für uns charakteristischer Geruch anhaftete, und hielten diese Mäntel anscheinend für eine Art Haut, aus der wir geschlüpft waren. Sie klammerten sich daher an die leeren Ärmel, die Aufschläge und die Rückseiten dieser Mäntel, als wären sie daran festgeklebt, und während wir unsere Arbeit im Lager verrichteten, hingen sie dort halb im Schlaf und wachten nur gelegentlich auf, um ihr Geschnatter mit uns fortzusetzen.

Die vielen Leute, die unser Lager besuchten und die Tiersammlung besichtigten, schienen stets besonders von den Affenjungen beeindruckt zu sein. Ein Affenjunges ist in jeder Beziehung einem Menschenbaby sehr ähnlich, nur wesentlich rührender. Unsere Besucherinnen schauten mit schmelzenden Augen auf die jungen Affen, gaben unartikulierte, gurrende Laute von sich und strömten meist über von Mutterliebe. Da war eine junge Dame, die öfters kam und so hingerissen war von dem rührenden Ausdruck der jungen Affen, daß sie mir unvorsichtigerweise einen Vortrag über die ausgesprochene Grausamkeit hielt, die darin liege, diese armen kleinen Wesen ihren Müttern fortzunehmen und sie in Käfige zu sperren. Sie erging sich in poetischen Floskeln über die Freuden der Freiheit und das sorgenfreie, glückliche Dasein dieser Kleinen in den Baumwipfeln und stellte es der entsetzlichen Gefangenschaft, für die ich verantwortlich war, gegenüber. An jenem Morgen war mir ein Affenkind von einem eingeborenen Jäger gebracht worden, und da die junge Dame solch eine Expertin für das Affenleben in Baumwipfeln zu sein schien, schlug ich ihr vor, mir bei der Durchführung einer kleinen Prozedur zu helfen, die an jedem neuangekommenen Affen vollzogen werden mußte. Sie erklärte sich voller Eifer dazu bereit und sah sich schon in der Rolle einer Florence Nightingale für Affen.

Die kleine Prozedur bestand ganz einfach darin, das neue Baby nach inneren und äußeren Parasiten abzusuchen. Ich erklärte es ihr, und die junge Dame war erstaunt. Es war ihr unbekannt, daß Affen Parasiten hatten – außer Flöhen natürlich. Ich holte den Korb hervor, in dem der Affe gebracht worden war, nahm etwas von seinen Exkrementen heraus, tat sie auf ein sauberes Stück Papier und zeigte ihr die zahlreichen Fadenwürmer, die sie enthielten. Meine Helferin blieb seltsam still. Dann holte ich das Junge: Es war eine Weißnasen-Meerkatze, ein bezaubernder kleiner Kerl mit schwarzem Pelz, weißer Hemdbrust und einem leuchtenden, herzförmigen Fleck weißen Fells auf der Nase. Ich untersuchte seine winzigen Hände und Füße und seine langen, schlanken Finger und Zehen und fand dort nicht weniger als sechs Sandflöhe behaglich eingenistet. Diese winzigen Tiere graben sich ihren Weg in die Haut der Füße und Hände, hauptsächlich unter die Nägel, wo die Haut zart ist. Dort fressen sie, schwellen an und wachsen, bis sie die

Größe eines Zündholzkopfes erreicht haben. Dann legen sie ihre Eier und sterben. Zur gegebenen Zeit sind die Eier ausgebrütet, und die kleinen Sandflöhe setzen das gute Werk fort, das die Eltern begonnen haben. Wenn eine Sandflohentzündung nicht im ersten Stadium behandelt wird, kann sie zum Verlust eines Zehen- oder Fingergliedes führen, und in den ärgsten Fällen kann sie alle Zehen oder Finger zerstören, denn die Sandflöhe fahren so lange fort, zu graben und sich zu vermehren, bis sie das Glied zu einem Hautsack ausgehöhlt haben, der mit Eiter gefüllt ist. Ich habe verschiedentlich Sandflöhe in meinem Fuß gehabt und kann bezeugen, daß dies außerordentlich schmerzhaft ist. Alles das erklärte ich meiner Helferin in anschaulichen Einzelheiten. Dann holte ich die Tube mit dem Anästhetikum, vereiste die Finger und Zehen der kleinen Meerkatze, entfernte mit einer sterilisierten Nadel die Sandflöhe und desinfizierte die entstandenen Wunden. Diese Lokalanästhesie schien mir ein Segen, denn die Operation ist schmerzhaft, und die Affenjungen würden ohne sie nicht stillhalten.

Als das vorbei war, ließ ich meine Finger über den Schwanz des Affen gleiten und entdeckte zwei wurstähnliche Schwellungen, jede so lang wie das erste Glied meines kleinen Fingers und ungefähr von demselben Durchmesser. Ich zeigte sie meiner Gefährtin, und dann teilte ich das Haar, so daß sie die runde Öffnung am Ende der Geschwulst sehen konnte. Wenn man durch die Öffnung in das Innere der Geschwulst blickte, konnte man darin etwas Weißes, sehr Widerliches sich bewegen sehen. Ich erklärte mit der Wichtigkeit einer ärztlichen Kapazität, daß eine gewisse Waldfliege ihre Eier in das Fell verschiedener Tiere lege. Wenn die Made auskriecht, bohrt sie sich tief in das Fleisch ihres Wirtes. Sie wird dort fett wie ein Schwein in seinem Koben, bekommt Luft durch den Eingang, und wenn sie schließlich auszieht, um eine Fliege zu werden, hat das Wirtstier ein Loch vom Umfang einer Zigarette im Fleisch, das meist eine eiternde Wunde bleibt. Ich zeigte meiner Helferin, die mittlerweile ganz bleich geworden war, daß es unmöglich sei, diese Maden herauszuangeln. Ich nahm die Nadel, teilte das Fell und zeigte ihr den Parasiten, der in seiner Höhlung wie ein kleiner Fesselballon lag, im Moment jedoch, als die Nadel ihn berührte, zu einem faltigen Klümpchen zusammenschrumpfte, sich wie eine Ziehharmonika ineinanderfaltete und in die Tiefen des Affenschwanzes zurückschlüpfte. Dann zeigte ich ihr, wie man die Made nach einer von mir selbst erfundenen Methode entfernte: Ich steckte die Öffnung der Tube mit dem Betäubungsmittel in das Loch, drückte die Flüssigkeit hinein, bis die Larve vereist war, dann vergrößerte ich die Öffnung etwas mit einem Skalpell, spießte die Larve mit der Nadel auf und entfernte sie aus ihrem Lager. Als ich das runzelige weiße Greuel aus seinem blutenden Loch holte, verließ mich meine Assistentin plötzlich und überstürzt. Ich entfernte die zweite Made, desinfizierte die klaffenden Wunden, die sie zurückgelassen hatten, und traf mit der jungen Dame dann wieder auf der anderen Seite des Lagerplatzes zusammen. Sie erklärte, sie habe eine Verabredung zum Lunch und müsse eiligst gehen. Nachdem sie sich für den sehr interessanten Morgen bedankt hatte, nahm sie Abschied auf Nimmerwiedersehen. Es ist ein Jammer, daß die Leute sich über die Schattenseiten des Dschungellebens nicht besser unterrichten, bevor sie herumgehen und von den Grausamkeiten der Gefangenschaft faseln.

Einer der entzückendsten Affen, die wir besaßen, war eine junge Bärtige Meerkatze, die Smith auf einer Reise flußaufwärts erworben hatte. Es war der kleinste Affe, den ich je gesehen habe, und bis auf seinen dünnen Schwanz hatte er bequem in einer Teetasse Platz. Er war grünlichgrau mit butterblumengelben Backenflecken und einer weißen Brust. Aber am bemerkenswertesten war sein Gesicht: Über seiner Oberlippe verlief ein breiter, gebogener Streifen weißer Haare, so daß es aussah, als habe er einen mächtigen Schnauzbart. Für seine Größe hatte er ein gewaltiges Maul und konnte leicht den Sauger seiner Milchflasche hineinstopfen. Es sah sehr lustig aus, wenn sich das winzige, schnurrbärtige Tier auf die Flasche stürzte, die wir ihm brachten, schrille Freudenschreie ausstieß, sich fest mit Armen und Beinen daranklammerte, mit geschlossenen Augen dalag und begeistert lutschte. Eigentlich sah es aus, als ob ein großes, weißes Luftschiff es stille, denn die Flasche war dreimal so groß wie das Äffchen. Es war sehr gelehrig, und es dauerte nicht lange, bis wir ihm beigebracht hatten, seine Milch aus einem Schüsselchen zu trinken. Wir stellten es auf den Feldtisch, um es zu füttern, und im Moment, da es mich mit dem Napf kommen sah, wurde es völlig hysterisch vor Aufregung, zitterte und zwitscherte und schrie aus Leibeskräften. Sobald ich den Napf niedergestellt hatte, fuhr die Meerkatze mit einem Kopfsprung hinein. Sie tauchte ihr Gesicht völlig in die Milch und schnappte erst nach Luft, wenn sie es nicht länger aushalten konnte. Manchmal hielt sie es vor lauter Gier zu lange aus, und ein Schauer von Blasen stieg an die Oberfläche, denen ihr Kopf hustend und niesend folgte. Wie eine Fontäne bespritzte sie dann sich und den Tisch mit Milch. Während einer Mahlzeit setzte sich zuweilen die Überzeugung in ihr fest, daß wir nur herumstanden, um ihr bei erster Gelegenheit das Schüsselchen fortzunehmen. Einen bebenden Wutschrei ausstoßend, pflegte sie diesen Plan dadurch zu vereiteln, daß sie hochsprang und ganz einfach – platsch! – mitten in der Schüssel landete. Dort saß sie dann und warf uns triumphierende Blicke zu. Während der Mahlzeiten waren ihr Kopf und ihr Gesicht dermaßen in Milch gebadet, daß man nur schwer feststellen konnte, wo Anfang und Ende ihres Schnurrbartes sei; und der Tisch sah aus, als habe man eine große Kuh darauf gemolken.

Die zwei stärksten Persönlichkeiten in unserer Affensammlung waren natürlich die Schimpansen Mary und Charlie. Charlie war der Liebling eines Pflanzers gewesen, ehe er zu uns kam, und daher ziemlich zahm.

Er hatte ein kleines, runzeliges, sorgenvolles Gesichtchen und schmelzende braune Augen; er sah aus, als habe die Welt ihn schlecht behandelt, aber er nehme dies ohne zu klagen wie ein Heiliger hin. Dieses gekränkte, wehe Aussehen war reines Affentheater, denn in Wirklichkeit war Charlie weit entfernt davon, ein mißhandelter und mißverstandener Affe zu sein. Im Gegenteil: In ihm steckte ein unverschämter kleiner Gassenjunge, voller Lug und Trug. Jeden Tag wurde er aus dem Käfig gelassen, um sich Bewegung zu machen; dann strolchte er durch das Lager und sah strahlend und unschuldig aus, bis er überzeugt war, unsere Aufmerksamkeit eingelullt zu haben. Dann schritt er lässig zu dem Tisch mit den Nahrungsmitteln, schaute rasch umher, ob er unbeobachtet sei, packte das größte Büschel Bananen, das in Reichweite lag, und rannte wie ein Wilder zum nächsten Baum. Wenn man ihn jagte, ließ er die Früchte fallen und blieb stehen. Dann hockte er im Staub, während man ihn schalt, sah sorgenvoll zu einem auf, und der Ausdruck seines Gesichtes zeigte deutlich, daß man ihn fälschlich eines ungeheuerlichen Verbrechens beschuldigte, indes er viel zu edel sei, um einem dies zu beweisen, denn man sei ja zu dumm, um es von selber einzusehen. Hielt man ihm das Büschel gestohlener Früchte unter die Nase, dann sah er es leicht erstaunt und angeekelt an. Warum bildete man sich ein, daß er die Früchte gestohlen habe? schien sein Ausdruck zu sagen. Wußte man nicht, daß er Bananen nicht ausstehen konnte? Nie in seinem Leben hatte er die leiseste Lust verspürt, diese scheußlichen Früchte zu kosten, geschweige denn zu stehlen. Wenn die Schelte überstanden war, erhob sich Charlie, seufzte tief, warf uns einen mitleidigen, etwas angewiderten Blick zu und strolchte zur Küche hinüber, um zu sehen, was er dort stehlen könnte. Er war unverbesserlich und sein Gesicht so ausdrucksvoll, daß er lange Gespräche mit uns führen konnte, ohne die Sprache zu benötigen.

Charlie erlebte seinen größten Triumph, als wir den Besuch des Hochkommissars für Kamerun erhielten, der auf einer seiner regelmäßigen Inspektionsreisen vorbeikam. Er erschien in unserem Lager in Begleitung einer Armee von Sekretären und anderen Beamten und interessierte sich sehr für unser großes Aufgebot an Tieren. Am meisten jedoch fühlte er sich zu Charlie hingezogen. Während wir Seiner Exzellenz erzählten, was für ein ekelhafter Heuchler der Affe sei, saß Charlie in seinem Käfig, hielt durch die Gitterstäbe die Hand des großen Mannes umklammert und schaute ihn mit so wehem Ausdruck und flehenden Augen an, als bitte er Seine Exzellenz, nicht auf die schändlichen Verleumdungen zu hören, die wir äußerten. Als Seine Exzellenz uns verließ, lud er Smith und mich zum Empfang ein, der am nächsten Abend stattfinden sollte. Am folgenden Morgen erschien ein eindrucksvoller Bote mit blitzenden goldenen Knöpfen, der einen Briefumschlag vom Distriktbüro abgab. Dieser enthielt eine große Karte, die uns in wunderbar verschnörkelter Schrift wissen ließ, daß Seine Exzellenz der Hochkommissar für Kamerun um das Vergnügen bitte, Charlie bei seinem Empfang zwischen sechs und acht Uhr bei sich zu sehen. Als wir Charlie die Einladung zeigten, saß er meditierend in seinem Käfig, warf einen kurzen Blick darauf und ignorierte sie völlig. Seine Haltung ließ erkennen, daß er gewohnt sei, mit derartigen Einladungen überschüttet zu werden, aber daß derlei weltliche Dinge ihn nicht interessierten. Er sei, gab er vor, zu sehr mit frommen Gedanken beschäftigt, um sich über Einladungen zu Trinkorgien mit lumpigen Hochkommissaren aufzuregen. Da er jedoch am selben Morgen in der Küche gewesen war, sechs Eier, einen Laib Brot und das Bein eines kalten Brathuhnes gestohlen hatte, glaubten wir ihm nicht.

Mary war ein Schimpanse von ganz anderem Charakter. Sie war älter als Charlie und viel größer, ungefähr so groß wie ein zweijähriges Kind. Ehe wir sie kauften, war sie in den Händen eines Haussa-Händlers gewesen. Anscheinend hatte man sie dort geneckt und schlecht behandelt, denn anfangs war sie mürrisch und tückisch, und wir fürchteten, nie ihr Vertrauen gewinnen zu können, denn sie hegte ein tiefeingefleischtes Mißtrauen gegen alle Menschen, ob weiß oder schwarz. Aber nach einigen Monaten guter Ernährung und guter Behandlung blühte sie zu unserem Entzücken auf und wurde eine Schimpansin mit viel Charme, einem sonnigen Temperament und einem ungeheuren Sinn für Humor. Sie hatte ein hellrosafarbenes, ziemlich dummes Gesicht und einen großen Trommelbauch. Sie erinnerte ein wenig an eine dicke Bardame, die stets bereit ist, schallend über irgendeinen unanständigen Witz zu lachen.

Obgleich Mary uns und dem Personal mit großer Sanftmut begegnete, vergaß sie nie ihren Groll auf die Schwarzen im allgemeinen und suchte sich alle Fremden heraus, die ins Lager kamen. Sie grinste sie einschmeichelnd an, klopfte sich auf die Brust, schlug Purzelbäume und tat alles, um ihre Aufmerksamkeit zu erregen. Durch ihre Possen zog sie sie näher und näher an den Käfig heran und sah aus wie das Sinnbild heiterer Laune, während die listigen Augen sorgfältig die Entfernung abschätzten. Plötzlich schoß dann ihr langer und kraftvoller Arm zwischen den Stäben hervor. Es folgte der schrille Laut zerreißenden Stoffes, ein Schreckensschrei des Schwarzen, und dann sah man Mary im Käfig herumtanzen und triumphierend ein zerrissenes Hemd oder ein Leibchen schwenken, das sie ihrem Bewunderer vom Leib gerissen hatte. Ihre Kraft war erstaunlich, und sie kostete mich ein kleines Vermögen an Schadenersatz, ehe ich ihren Käfig so aufstellte, daß sie kein Unheil mehr anrichten konnte.

Die Affengesellschaft machte den ganzen Tag lang Lärm, aber am Nachmittag gegen halb fünf erreichte dieser ein solches Ausmaß, daß er die stärksten Nerven auf die Probe stellte; denn um diese Zeit bekamen die Affen ihre Milch. Gegen vier Uhr fingen sie an, ungeduldig zu werden; sie hüpften und sprangen in ihren Käfigen umher, schlugen Purzelbäume oder preßten ihre Gesichter gegen das Gitter, wobei sie kläglich quietschten. Sobald jedoch die Reihe sauberer Töpfe bereitstand und die große Kerosindose, gefüllt mit warmer Milch, Malz, Lebertran, Zukker und Kalzium, in Sicht kam, ging eine Woge der Erregung durch die Käfige, und das Gebrüll wurde ohrenbetäubend. Die Schimpansen stießen mit gespitzten Lippen ein langes Geheul aus und trommelten mit den Fäusten gegen die Wände des Käfigs; die Mandrille gaben ihr lautes und durchdringendes «Ar-ar-ar-ar-ar-er-er-er-er» von sich, das wie das Geprassel eines kleinen Maschinengewehres klingt; die Meerkatzen pfiffen und trillerten zart wie Vögel; die Patas-Affen tanzten auf und nieder wie verrückt gewordene Ballerinen und riefen klagend: «Pruup-pruuup», und die schöne Colobus-Äffin mit ihrem wehenden Umhang weißen und schwarzen Haares rief im Befehlston: «Arrup! arrup! arrup! ye-ye-ye-ye!» Während wir an den Käfigen entlanggingen und die Milchtöpfe durch die Türen schoben, hörten die Geräusche allmählich auf, bis man nichts mehr hörte als leise schnaufende und schlürfende Laute, die von gelegentlichem Husten unterbrochen wurden, wenn Milch in die falsche Kehle geraten war. Wenn sie die Töpfe geleert hatten, kletterten die Affen auf ihre Stangen, saßen dort mit aufgeblähten Bäuchen und gaben in Abständen laute, zufriedene Rülpser von sich. Später kletterten sie alle wieder herunter, um die Töpfe zu inspizieren und sich zu vergewissern, daß ja kein Tropfen Milch daringeblieben sei; sie hoben sie sogar in die Höhe und schauten darunter nach. Dann rollten sie sich auf ihren Stangen im Abendsonnenschein zusammen und versanken in eine satte Betäubung, während sich Friede über das Lager senkte.

Heimfahrt

Die letzten Tage, ehe man mit einer Tiersammlung das Schiff besteigt, das einen nach England zurückführt, sind immer die aufreibendsten der ganzen Reise. Da gibt es tausend Dinge zu erledigen: Lastwagen müssen gemietet, Käfige verstärkt, Riesenmengen an Lebensmitteln beschafft und verpackt werden und all das neben der normalen Routinearbeit, die die Pflege der Tiere erfordert.

Wohl die meisten Sorgen machten uns die Flugbilche. Unsere Kolonie war mittlerweile auf vier Exemplare zusammengeschrumpft, und wir waren fest entschlossen, alles zu tun, um diese vier gesund nach England zu schaffen. Nach übermenschlichen Bemühungen hatten wir sie dazu gebracht, neben Palmnüssen auch Avogadobirnen zu fressen, und bei dieser Diät schienen sie ganz gut zu gedeihen. Ich hatte berechnet, daß wir drei Dutzend Avogados in verschiedenen Stadien der Reife mitnehmen müßten. Wir würden damit während der Reise auskommen und noch einige für England übrigbehalten, bis die Flugbilche sich dort eingewöhnt hätten. Infolgedessen rief ich Jakob und befahl ihm, mir unverzüglich drei Dutzend Avogados zu besorgen. Zu meinem Erstaunen sah er mich an, als wäre ich von Sinnen.

«Avogadobirnen, Sah?» fragte er.

«Ja, Avogadobirnen», sagte ich.

«Ich sie nicht können bekommen, Sah», meinte er bekümmert.

«Du sie nicht können bekommen? Warum nicht?»

«Avogadobirnen sein aus», sagte Jakob hilflos.

«Aus? Was meinen du: aus? Ich wollen, du gehen holen von Markt, nicht von Küche.»

«Sein aus an Markt, Sah», sagte Jakob voller Geduld.

Plötzlich ging mir auf, was er mir zu erklären versuchte: Die Zeit für Avogadobirnen war vorüber, und er konnte mir keine mehr besorgen. Ich würde die Reise ohne den nötigen Vorrat an diesen Früchten für die kostbaren Flugbilche antreten müssen.

Das sah den Flugbilchen ähnlich, dachte ich voll Bitterkeit, daß sie anfingen, etwas zu fressen, wenn die Saison dafür gerade zu Ende ging. Indes – ich mußte einfach Avogados haben! Und so befahl ich dem Personal, in den wenigen Tagen, die uns noch zur Verfügung standen, das Land nach dieser Frucht abzusuchen. Bis zu unserer Abreise gelang es uns, einige kleine verschrumpelte Avogados zu ergattern; das war aber auch alles. Diese fast mumifizierten Überreste mußten für meine kostbaren Flugbilche reichen, bis wir in England ankamen.

Wir hatten etliche dreihundert Kilometer vom Hauptlager bis zur Küste zurückzulegen und brauchten drei Lastwagen und einen kleinen Gepäckwagen, um unsere Tiersammlung dahin zu befördern. Wir fuhren nachts, weil es die Tiere kühler haben sollten, und die Fahrt dauerte achtundvierzig Stunden. Es war eine der ärgsten Reisen, an die ich mich erinnere. Alle drei Stunden ließen wir die Lastwagen anhalten, denn wir mußten die Froschkästen herausnehmen und sie mit Wasser besprengen, um zu verhindern, daß sie austrockneten. Zweimal in der Nacht mußten wir längere Zeit stehenbleiben, um den jungen Tieren eine Flasche warme Milch zu geben, die wir schon fertig gemischt in Thermosflaschen mit uns führten. Als dann der Morgen dämmerte, hieß es, die Lastwagen abseits der Straße in den Schatten großer Bäume stellen, jeden einzelnen Käfig ins Gras abladen und jedes Exemplar säubern und füttern. Am Morgen des dritten Tages kamen wir in dem kleinen Haus an der Küste an, das uns zur Verfügung gestellt worden war. Hier mußte alles wieder ausgepackt und die Tiere mußten gesäubert und gefüttert werden, bevor wir uns selbst ins Haus schleppen durften, um eine Mahlzeit einzunehmen und sterbensmüde in unsere Betten zu fallen. Am Abend kamen Gruppen von Leuten aus den umliegenden Bananenplantagen, um sich die Tiere anzuschauen, und halbtot vor Schlaf, waren wir gezwungen, Führungen zu veranstalten, Fragen zu beantworten und höflich zu sein.

«Fahren Sie mit dem Schiff, das im Hafen liegt?» fragte jemand.

«Ja», sagte ich und unterdrückte ein Gähnen, «wir fahren morgen.»

«Du lieber Himmel, dann tun Sie mir leid!» sagte ein anderer vergnügt.

«Oh, warum das?»

«Der Kapitän ist ein übler Bursche, mein lieber Freund, er haßt Tiere. Das ist bekannt. Der alte Robinson wollte seinen Lieblings-Pavian auf diesem Schiff mit hinübernehmen, als er das letzte Mal auf Urlaub fuhr. Der Kapitän setzte den Affen an die Luft, er wollte ihn um keinen Preis an Bord haben. Auf seinem Schiff, sagte er, sei kein Platz für stinkende Affen. Es soll einen schrecklichen Krach gegeben haben.»

Smith und ich wechselten Blicke, denn von allen Übeln, die einem zustoßen können, ist ein unfreundlicher Kapitän wohl das ärgste. Später, als die letzte Gruppe der Besucher gegangen war, besprachen wir diese beunruhigende Neuigkeit. Wir beschlossen, uns an Höflichkeit gegen den Kapitän zu überbieten, und wir wollten uns ganz besonders bemühen, alle verdrießlichen Zwischenfälle durch die Affen, die seinen Zorn erregen könnten, zu vermeiden.

Unsere Sammlung wurde auf dem Vorderdeck unter der Aufsicht des Ersten Offiziers, eines reizenden und hilfsbereiten Mannes, untergebracht. Den Kapitän bekamen wir an jenem Abend nicht zu Gesicht, und als wir früh am nächsten Morgen aufstanden, um die Käfige zu reinigen, konnten wir ihn auf der Brücke auf- und abschreiten sehen: eine gekrümmte und schreckenerregende Gestalt. Es war uns gesagt worden, daß er zum Frühstück herunterkäme, und wir sahen der Begegnung voll Bangen entgegen.

«Denk daran», sagte Smith, als wir die Affenkäfige reinigten, «daß wir uns mit ihm gutstellen müssen.» Er füllte einen Korb mit Sägemehl, trabte zur Reling und schüttete den Inhalt ins Meer.

«Wir müssen achtgeben, nichts zu tun, was ihn ärgern könnte», fuhr er fort, als er zurückkehrte.

Gerade in dem Augenblick kam jemand in blütenweißer Uniform von der Kommandobrücke angerannt.

«Entschuldigen Sie, Sir», sagte er, «eine Empfehlung vom Kapitän, Sir, und würden Sie bitte erst feststellen, aus welcher Richtung der Wind weht, ehe Sie das Sägemehl über Bord werfen.»

Schreckerfüllt blickten wir zur Kommandobrücke hinauf: Die Luft war voll von Sägemehl, und der Kapitän bürstete mit verärgertem Fauchen seine verschmutzte Uniform ab.

«Bitte, entschuldigen Sie uns beim Kapitän», sagte ich, wobei ich einen heftigen Lachkitzel unterdrückte. Als der Offizier gegangen war, wandte ich mich an Smith.

«Wir müssen uns mit ihm gutstellen!» sagte ich erbittert. «Tu ja nichts, was ihn ärgert! Schütte nur hundert Kilo Sägemehl über ihn und seine geliebte Brücke. Das ist bestimmt der sicherste Weg zum Herzen eines Kapitäns!»

Als der Gong ertönte, eilten wir in unsere Kabine, wuschen uns und nahmen unsere Plätze im Speisesaal ein. Zu unserem Schrecken stellten wir fest, daß für uns am Kapitänstisch gedeckt war. Der Kapitän saß mit dem Rücken zur Schott, in der drei Bullaugen waren, und Smith und ich saßen ihm an dem runden Tisch gegenüber. Die Bullaugen hinter dem Stuhl des Kapitäns sahen auf das Bootsdeck hinaus, auf dem unsere Tiersammlung aufgestapelt war. Nach der ersten Hälfte der Mahlzeit taute der Kapitän etwas auf und fing sogar an, großzügig kleine Scherze über Sägemehl zu machen.

«Solange Ihnen kein Tier ausbricht, habe ich nichts einzuwenden», sagte er jovial und löffelte sein weiches Ei aus.

«Oh, das wird keineswegs passieren», versicherte ich. Aber kaum waren die Worte meinem Mund entflohen, als sich etwas im Bullauge bewegte. Ich schaute auf und sah das «Süße», das Schwarzohr-Hörnchen, das in der Öffnung saß und unseren Salon mit freundlichen Blicken musterte.

Der Kapitän konnte natürlich das Hörnchen, das, einen Meter von ihm entfernt, auf gleicher Höhe mit seiner Schulter saß, nicht sehen, und fuhr unbeirrt fort, zu essen und zu reden, während hinter ihm das «Süße» auf den Hinterbeinen hockte und seine Barthaare putzte. Ich war sekundenlang vor Schreck erstarrt, so daß mein Herz aussetzte und ich nur dasaß und auf das Bullauge glotzte. Glücklicherweise war der

Kapitän zu sehr mit seinem Frühstück beschäftigt, um es zu bemerken. Das «Süße» beendete seine Toilette und sah sich dann wieder im Salon um. Offenbar schien ihm der Ort einer näheren Besichtigung wert, und es blickte umher, um festzustellen, auf welche Weise es am besten seinen Sitz verlassen könne. Es fand, daß es am zweckmäßigsten sei, vom Bullauge auf die Schulter des Kapitäns zu springen. Ich konnte sehen, wie dieser Plan im Kopf des kleinen Rackers heranreifte, und die Vorstellung, daß er auf der Schulter des Kapitäns landen könnte, elektrisierte mich geradezu. Ich stammelte hastig eine Entschuldigung, schob meinen Stuhl zurück und verließ den Salon. Sobald ich außer Sicht war, hetzte ich in Windeseile aufs Deck. Zu meiner Erleichterung war das «Süße» noch nicht gesprungen, und sein langer, buschiger Schwanz hing nach wie vor aus dem Bullauge heraus. Ich rannte quer über Deck und erwischte es beim Schwanz, gerade als es zum Sprung ansetzte. Ich packte es und steckte das empört schnatternde Tier in seinen Käfig, dann kehrte ich erhitzt, aber triumphierend in den Saal zurück. Der Kapitän plauderte noch immer, und wenn er überhaupt meine plötzliche Flucht bemerkt haben sollte, hatte er sie bestimmt natürlichen Bedürfnissen zugeschrieben, denn er machte keine Bemerkung darüber.

Am dritten Tag der Reise waren zwei Flugbilche tot. Kummervoll untersuchte ich ihre Leichen, als eben ein Mitglied der Besatzung auftauchte. Auf seine Frage, warum die Tierchen gestorben seien, erzählte ich des langen und breiten die tragische Geschichte von den nicht vorhandenen Avogadobirnen.

«Was ist eine Avogadobirne?» fragte er.

Ich zeigte ihm eines der verschrumpelten Überbleibsel.

«Ach, die Dinger», sagte er. «Möchten Sie welche haben?»

Ich sah ihn eine Minute lang sprachlos an.

«Haben Sie denn welche?» fragte ich schließlich.

«Nun», sagte er, «eigentlich habe ich keine, aber ich glaube, ich kann sie Ihnen verschaffen.»

Am selben Abend erschien er mit prall gefüllten Taschen.

«Hier», sagte er und drückte mir ein paar herrliche Avogados in die Hand, «geben Sie mir drei von den Ihren und sagen Sie niemandem einen Ton.»

Ich gab ihm drei meiner vertrockneten Früchte und fütterte die Flugbilche schleunigst mit den reifen, die er mir gebracht hatte. Sie genossen die Mahlzeit in vollen Zügen. Meine Stimmung besserte sich, und ich faßte wieder Hoffnung, die Tierchen lebend nach England zu bringen.

Mein Matrosenfreund brachte mir noch etliche reife Avogados, sooft ich ihm mitteilte, daß mein Vorrat erschöpft sei, und jedesmal bekam er im Austausch einige meiner vertrockneten. Das war sehr merkwürdig, aber es schien mir ratsam, der Sache nicht auf den Grund zu gehen. Trotz der frischen Früchte starb noch ein Idiurus, so daß, als wir den

Golf von Biskaya kreuzten, nur noch ein Exemplar übriggeblieben war. Jetzt handelte es sich also um einen Wettlauf mit der Zeit: Wenn ich dieses einzige Exemplar am Leben erhielt, bis wir England erreichten, konnte ich ihm eine ungeheure Mannigfaltigkeit an Nahrungsmitteln bieten, und ich war sicher, dann etwas zu finden, was er fräße. Als wir uns England näherten, überwachte ich den kleinen Burschen aufs sorgfältigste. Er schien gesund und bei guter Laune. Aus besonderer Vorsicht schmuggelte ich jede Nacht seinen Käfig in meine Kabine, damit er sich nicht erkälte. Am Tage, ehe wir anlegten, war er in bester Form, und ich war überzeugt, daß ich ihn an Land bringen werde; aber in der Nacht starb er ganz plötzlich und ohne ersichtlichen Grund. So ging der letzte Idiurus nach einer Reise von viertausend Meilen vierundzwanzig Stunden vor Liverpool ein. Ich war bitter enttäuscht und tief deprimiert.

Sogar der Anblick der ausgeladenen Tiersammlung erfüllte mich nicht mit dem üblichen Gemisch von Erleichterung und Stolz. Die Haarfrösche hatten die Reise überstanden, ebenso die Laubbrauenkröten. Charlie und Mary schrien in ihren Käfigen, als sie über Bord geschwungen wurden. Das «Süße» fraß ein Stück Zucker und beäugte die Menschen in den Docks mit hoffnungsvollen Blicken; die bärtige Meerkatze schaute aus ihrem Käfig, und ihr Backenbart glänzte, so daß sie wie ein jugendlicher Sankt Nikolaus aussah. Aber nicht einmal der Anblick all dieser nach einer langen und gefährlichen Reise wohlbehalten ausgeschifften Tiere konnte mich völlig über den Verlust meines kleinen Idiurus hinwegtrösten. Smith und ich waren gerade dabei, das Schiff zu verlassen, als mein Matrosenfreund auftauchte. Er hatte von dem Idiurus gehört und zeigte sich ganz erschüttert, daß alle unsere gemeinsame Mühe vergeblich gewesen war.

«Übrigens», sagte ich, ehe ich ihn verließ, «ich wäre begierig zu erfahren, wo Sie die Avogadobirnen mitten auf dem Meer herbekommen haben.»

Er blickte umher, um sicher zu sein, daß uns niemand belausche.

«Ich werde es Ihnen verraten, aber behalten Sie es bei sich», flüsterte er mir heiser zu. «Der Kapitän ist ein Liebhaber von Avogados und hat eine große Kiste davon im Eisschrank. Er bringt immer eine Kiste voll mit nach Hause. Ich habe einfach von denen genommen.»

«Wollen Sie etwa sagen, daß das die Avogados des Kapitäns waren?» fragte ich überwältigt.

«Klar. Aber er wird es nicht merken», beruhigte mich mein Freund fröhlich, «denn schauen Sie: Jedesmal, wenn ich ihm ein paar von seinen Avogados fortnahm, tat ich die gleiche Anzahl von den Ihren in die Kiste zurück.»

Die Zollbeamten begriffen nicht, warum ich mich vor Lachen schüttelte, während ich ihnen unsere Käfige zeigte, und sie musterten mich mit mißtrauischen Blicken. Aber leider war dies kein Witz für ihre Ohren.

Inhalt